国之重器出版工程

网络强国建设

区块链技术与应用丛书

区块链应用指南

方法与实践

Blockchain Application Guide: Methodology and Practice

唐晓丹　邓小铁　别荣芳　主编

電子工業出版社
Publishing House of Electronics Industry
北京 · BEIJING

内容简介

本书基于区块链领域的技术创新成果、应用实践进展和标准化成果，总结了区块链的基本概念、技术原理、生态发展及应用治理、评价方法和标准化情况，梳理了区块链在金融服务、物流、政务服务、文化教育、民生等领域的典型应用案例，以此提供一套通用的区块链应用方法论，并对区块链应用的未来发展趋势做出分析和展望。本书是对活跃在区块链领域的企事业单位专家的技术研发和应用探索的经验总结，全书分为技术基础篇、应用生态篇、应用方法与实践篇、治理规范篇、未来展望篇五个部分，具有理论研究与实践分析并重的特点。

本书可为区块链领域的用户、技术和服务提供商、应用开发和运营商，以及政策制定和监管等相关方提供有益参考，也可供关注区块链技术和应用的读者阅读，还可作为高等院校相关专业的教师和学生的教学参考书。

图书在版编目（CIP）数据

区块链应用指南：方法与实践 / 唐晓丹，邓小铁，别荣芳主编. —北京：电子工业出版社，2021.8

（区块链技术与应用丛书）

ISBN 978-7-121-41696-5

Ⅰ. ①区… Ⅱ. ①唐… ②邓… ③别… Ⅲ. ①区块链技术 Ⅳ. ①TP311.135.9

中国版本图书馆 CIP 数据核字（2021）第 154595 号

责任编辑：徐蔷薇

印　　刷：北京七彩京通数码快印有限公司

装　　订：北京七彩京通数码快印有限公司

出版发行：电子工业出版社

北京市海淀区万寿路 173 信箱　　邮编：100036

开　　本：720×1000　1/16　印张：14.5　　字数：279 千字

版　　次：2021 年 8 月第 1 版

印　　次：2024 年 1 月第 2 次印刷

定　　价：79.00 元

凡所购买电子工业出版社图书有缺损问题，请向购买书店调换。若书店售缺，请与本社发行部联系，联系及邮购电话：（010）88254888，88258888。

质量投诉请发邮件至 zlts@phei.com.cn，盗版侵权举报请发邮件至 dbqq@phei.com.cn。

本书咨询联系方式：xuqw@phei.com.cn。

#《国之重器出版工程》
编辑委员会

郑纬民　中国工程院院士
郑建华　中国科学院院士
屈贤明　国家制造强国建设战略咨询委员会委员、工业和信息化部智能制造专家咨询委员会副主任
项昌乐　中国工程院院士
赵沁平　中国工程院院士
郝　跃　中国科学院院士
柳百成　中国工程院院士
段海滨　“长江学者奖励计划”特聘教授
侯增广　国家杰出青年科学基金获得者
闻雪友　中国工程院院士
姜会林　中国工程院院士
徐德民　中国工程院院士
唐长红　中国工程院院士
黄　维　中国科学院院士
黄卫东　“长江学者奖励计划”特聘教授
黄先祥　中国工程院院士
康　锐　“长江学者奖励计划”特聘教授
董景辰　工业和信息化部智能制造专家咨询委员会委员
焦宗夏　“长江学者奖励计划”特聘教授
谭春林　航天系统开发总师

编写人员名单

主　编

唐晓丹　邓小铁　别荣芳

参　编（以姓氏笔画为序）

王耀飞　丛　庆　孙运传　刘　禹　张小军

李　斌　李佳秾　杨　威　陈　晓　陈银凤

者文明　单曙兵　贯子君　黄文瀚　程郁琨

詹士潇　虞博名　廖娅伶　鞠　鹏

序

当前，数字化、网络化、智能化成为技术创新和产业变革的关键趋势，数据作为核心生产要素发挥着日益重要的作用，数字经济发展将是未来经济发展的主要驱动力，也是国家治理体系和治理能力现代化的重要支撑。在这种背景下，信息技术创新越来越成为各国争相竞争的焦点，也是学界、企业界加大力度投入布局的热点。

区块链通过分布式存储、加密算法、共识机制、智能合约等多种技术的融合应用，实现去中心化、数据防伪造篡改、去信任化等技术特点，可以保障数据可信、可治理，实现可编程的合约，从而促进多方信任协作，提升网络空间安全性，加快价值互联发展。作为新一代信息技术的重要组成部分，近年来区块链创新迭代加速，技术成果不断涌现，在金融服务、工业制造、供应链管理、政务服务、民生等领域加快突破应用，在促进数字经济模式创新、保障实体经济高质量发展、促进公共服务创新升级等方面价值日益凸显。

一方面，在新兴技术产业发展过程中，实现培育核心竞争力、占据优势地位的窗口期通常非常短暂，能否及时准确把握是关键性的问题。在区块链领域，我国具有全球范围内绝无仅有的良好发展环境，体现了党中央和国务院对区块链战略性作用的前瞻研判和谋划。习近平总书记在中央政治局第十八次集体学习时强调，要把区块链作为核心技术自主创新的重要突破口。《中华人民共和国国民经济和社会发展第十四个五年规划和 2035 年远景目标纲要》中将区块链作为新兴数字产业之一。工业和信息化部、中央网络安全和信息化委员会办公室联合出台《关于加快推动区块链技术应用和产业发展的指导意见》。可以说，我国区块链技术产业已迎来新的发展机遇期，未来发展前景广阔。

另一方面，我们也看到，区块链领域仍然有很多难题，这些难题很多并不是仅我国独有的，如技术成熟度有待提高，应用规模化尚未真正达成，监管机制有待进一步发展，对区块链的认识仍然有待提升等。可以说，谁能最快破解这些难题，谁就有可能实现弯道超车，真正走在全球发展的前列。例如，应用基础设施的快速发展在这两年成为全球区块链领域的一个新热点，美国的科技企业在布局，欧盟委员会也在推进自己的区块链基础设施，中国的一些项目虽然起步比国外晚，取得的进展却很快，甚至在某些方面已超过前期国外的一些项目。

展望下一个时期区块链技术产业的发展，应该说最值得关注的还是如何培育高质量、切实解决行业发展痛点、形成一定规模的行业级区块链应用，这也是区块链真正释放技术效能的关键点。《区块链应用指南：方法与实践》在选题上体现了对这些关键性问题和产业发展实际需求的把握，采用了理论和实践相结合的方式展开论述，通过对区块链技术基础、产业生态、应用案例、应用方法、治理和标准化等主题的综合展现，结合对未来发展趋势的分析和展望，为读者呈现了一个体系化的区块链应用全景。本书可以为制定区块链相关政策的政府部门及从事区块链应用理论研究、技术研发、应用管理、标准制定等工作的广大从业者们提供有益的参考资料，同时也可以成为区块链技术爱好者的基础性读物。希望更多区块链的专家、学者、从业人员参与到区块链应用理论和技术研究，更多企事业单位集中力量精准培育高质量的区块链应用，为我国培育国际先进的区块链产业链添砖加瓦。

郑纬民

中国工程院院士

清华大学教授

2021 年 8 月

前言

信息时代，人人参与，万物互联，每个人都是信息的生产者、创建者、传播者，都能为构建群体价值发挥重要作用。在这个过程中，区块链以其去中心化、分布式、高可信度等特点，成为全球技术创新和产业变革中的战略性前沿。

2016年，我国《"十三五"国家信息化规划》首次将区块链纳入其中，明确提出将区块链作为一项战略性前沿技术超前布局，进而实现抢占新一代信息技术竞争的主导权。2019年10月24日，习近平总书记在中央政治局第十八次集体学习时强调，要把区块链作为核心技术自主创新的重要突破口，明确主攻方向，加大投入力度，着力攻克一批关键核心技术，加快推动区块链技术和产业创新发展。2020年，区块链技术被列为新型基础设施代表性技术，是下一阶段技术发展的战略制高点。区块链的战略性定位逐渐清晰，基础性作用得到重视，体系化和多元化的创新性应用得到快速发展。

区块链最早起源于加密货币，随后得到快速发展，并在不同应用场景中拓宽应用边界。当前，区块链技术不仅在金融领域得到广泛应用，还在物流、政务服务、文化教育、民生等领域开展了广泛实践，带动各行各业的创新发展。更为重要的是，区块链的理念和技术，推动着信息互联、价值认定、社会管理的模式和机制不断演进，深化了互联网的价值，创新了互联网治理机制，形成了区块链应用新生态，成为促进信息技术与社会深度融合、充分释放新动能的重要途径。

为了推进区块链的应用，为相关行业提供理论和实践参考，本书从技术、生态、实践、治理等方面进行了综合介绍。第一部分关注区块链技术基础，包括区块链技术本身（第 1 章），区块链与云计算、物联网、5G、大数据、人工智能等新一代信息技术融合（第 2 章）两个方面。第二部分关注区块链应用现状与生态，研究了区块链在国内外的应用发展情况，同时提出了区块链应用生态系统模型，重点介绍了区块链技术生态（第 3 章）。区块链技术为解决实际生产生活中的各类信任、确权、监管等问题提供了有效途径，越来越多的实际应用青睐于使用区块链技术作为其中的一个组件。第三部分研究了区块链应用实施路线（第 4 章），并从各行业典型应用场景与实践等方面进行介绍，包括金融服务（第 5 章）、物流（第 6 章）、政务服务（第 7 章）、文化教育（第 8 章）、民生（第 9 章）等，分别概述区块链与该领域问题解决方案的结合方式，并通过具体案例深入浅出地介绍区块链技术的落地形式。第四部分探讨区块链治理规范，以解决区块链技术在落地发展过程中的治理机制（第 10 章）、应用评价（第 11 章）和标准化（第 12 章）问题。第五部分是未来展望，作为一种新兴技术产业，区块链拥有广阔的发展前景，但在技术、市场和管理上还有很多不确定性，同时还将加速向更多领域深化应用，需要不断的创新、实践和研究。

第 1 章由北京大学邓小铁、上海交通大学黄文瀚、中国电子技术标准化研究院唐晓丹编撰，第 2 章由华为技术有限公司张小军编撰，第 3 章由中国电子技术标准化研究院唐晓丹、中国电子信息产业发展研究院贾子君编撰，第 4 章由上海万向区块链股份公司廖娅伶、鞠鹏编撰，第 5 章由中汇信息技术（上海）有限公司陈晓、单曙兵编撰，第 6 章由京东物流者文明、丛庆编撰，第 7 章由华为技术有限公司张小军编撰，第 8 章由北京师范大学别荣芳、孙运传、刘禹编撰，第 9 章由杭州趣链科技有限公司詹士潇、虞博名及中国雄安集团数字城市科技有限公司杨威编撰，第 10 章由北京大学邓小铁、苏州科技大学的程郁琨编撰，第 11 章由深圳前海微众银行股份有限公司李斌、中国电子技术标准化研究院唐晓丹编撰，第 12 章由中国电子技术标准化研究院李佳秾、唐晓丹编撰，第 13 章、第 14 章由中国电子技术标准化研究院唐晓丹编撰。中国雄安集团数字城市科技有限公司杨威、京东科技赵建萍、百度陈咨霖、蚂蚁集团的昌文婷、趣链科技的陈晓丰、微众银行股份有限公司邓伟平、中国移动研究院王珂、万向区块链供应链金融服务团队等业界专家在区块链应用案例、开源社区、基础设施、标准化等方面提供了宝贵资料和数据。

本书的编撰得到了中国雄安集团数字城市公司王臻、胡仁志等领导和专家的指导与帮助。区块链是新兴、快速发展的领域，面对技术的不断发展、应用的逐渐深入，本书的内容难免有所不足和滞后，欢迎广大读者为我们提出宝贵意见和建议。

编者

2021 年 6 月

目录

第一部分　技术基础篇

第二部分　应用生态篇

第三部分　应用方法与实践篇

第五部分 未来展望篇

第一部分
技术基础篇

自 2008 年区块链概念被提出，经过短短十余年的加速发展，区块链技术已得到广泛应用，并成为前沿性、战略性技术。从区块链 1.0、区块链 2.0 到区块链 3.0，区块链技术逐步突破数字货币的技术框架，共识机制、智能合约等核心关键技术逐渐成熟，运行效率和效能不断优化，使得在区块链上进行多种场景的开发和应用成为可能。随着云计算、物联网、大数据、人工智能等新一代信息技术的发展，区块链将加大与其他新一代信息技术的协同融合，不断激发创新活力，促进新型基础设施建设，拓宽融合应用模式和场景。

第一部分 技术基础篇

自 2008 年区块链概念被提出，经过短短十余年的加速发展，区块链技术已得到广泛应用，并成为前沿性、战略性技术。从区块链 1.0、区块链 2.0 到区块链 3.0，区块链技术逐步形成数字货币的技术框架，共识机制、智能合约等核心关键技术逐渐成熟，运行效率和效能不断优化，使得在区块链上进行多种场景的开发和应用成为可能。随着云计算、物联网、大数据、人工智能等新一代信息技术的发展，区块链将加大与其他新一代信息技术的协同融合，不断激发创新活力，促进新型基础设施建设，拓宽融合应用模式和场景。

第1章 区块链概述

1.1 区块链的概念与发展

2008 年，化名中本聪（Satoshi Nakamoto）的学者在论文《比特币：一种点对点电子现金系统》[1]中，描述了通过点对点网络、加密算法、共识机制、时间戳等技术的集成构建的一种无须中介的电子现金系统。大约在 2012 年前后，人们开始意识到比特币背后的技术设计的价值，特别是"区块+链"的数据组织方式，于是出现了"区块链"（Blockchain）一词。而直到 2014 年前后，一些企业才开始探讨区块链在金融服务、物联网等其他领域中的应用，其后区块链才逐渐被广泛关注。国内对于区块链的关注比国际上稍微滞后，却同样在 2015 年下半年前后开始了一轮持续至今的热潮。

区块链是从比特币的技术设计中抽离出来的一套技术方案，由于这种技术方案可以实现防伪造、防篡改、多方参与的数据记录方式，在其他多个领域也具有应用价值，因此逐渐被作为一项独立的技术加以讨论和应用。区块链本身体现了一种技术实现的方式，其应用的繁荣反映了人们对于构建多方共享和同步的记录账本的强烈需求。并且，随着时间的推移，人们逐渐发现这种共享和同步的记录账本还可以通过更多的技术路径来实现，因此作为对区块链概念的补充和拓展，分布式账本和分布式记账技术等相关概念也发展起来，并且逐渐与区块链的概念发展融合。

如图 1-1 所示，国际标准化组织[2]将区块链定义为：经过确认的区块采用加密链接通过只增的、按次序的链组织起来的一类分布式账本；对分布式账本的定义则为：在一系列节点之间通过共识机制共享和同步的，保存最终的、确定的、不可变的交易记录的信息存储。在传统商业活动中，账本作为对经济活动记录的本籍，具有对以往活动汇总核验的作用。随着信息化的发展，信息化账本也从传统账本中“脱胎”成为支持信用公开等新型事物的记录方式。然而，这种方式仍然带来数据一致性、易伪造和篡改等挑战。对于这些挑战，长期以来的解决方式是依靠第三方机构作为信用背书，来保证账本的真实可靠性。随着经济社会的发展，人们已不再满足依靠这种基于第三方信用担保的传统信用体系，转而开始探索一套不依赖第三方的、可验证的、可靠的信任体系。而信息技术的不断发展逐步使这种转变成为可能，尤其是现代密码学的发展为公正性、隐私性等难题提供了重要的技术手段，分布式计算的大规模应用也为新技术的发展提供了广阔空间。在这一系列背景下，区块链这一去中心化的分布式账本应运而生。

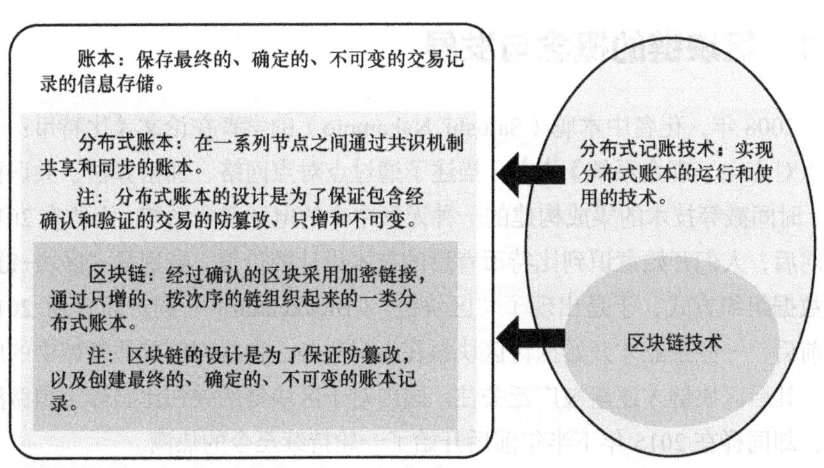

图 1-1　国际标准化组织（ISO）对区块链、分布式账本等相关术语的定义

与传统的信息化账本相比，基于区块链技术的账本在众多计算机上都存储着相同的交易记录，前后的交易记录及校验信息之间通过密码学技术保证其安全性。若要篡改区块链中的某一条交易记录，则必须对其后所有的交易记录及区块都进行篡改，大大增加了篡改成本，因此区块链基本上被认为是不可篡改的。此外，区块链技术应用公钥加密等密码学技术，对于交易中的隐私性、公正性等也有很好的保证。并且，区块链技术实现了交易与记录过程中的防篡改性、公正性、对等性、隐私性等，因此还具有保障交易双方互相信任的能力。

进一步地，通过可信账本的维护和基于其建立的信任关系，区块链技术提供多个相关方共同处理某一事务的能力，被认为是建立新型多方协作关系的

技术基础，并且，智能合约的引入还为区块链带来可自动执行约定动作的能力。因此，区块链通常被认为是一种新型的信任机制，可促进社会生产协作关系的优化，并为多个领域带来效率提升、成本降低和智能化程度提升等价值。

正如一个“多面体”，区块链在不同视角下呈现出不同样貌，业界对于区块链的定位也十分多元化，对于“区块链”一词给出了不同的理解和定义。例如，团体标准《区块链 参考架构》[3]将区块链定义为：一种在对等网络环境下，通过透明和可信规则，构建防伪造、防篡改和可追溯的块链式数据结构，实现和管理事务处理的模式；袁勇[4]等从技术角度给出区块链的定义：一种利用加密链式区块结构来验证与存储数据，利用分布式节点共识算法来生成和更新数据，利用自动化脚本代码（智能合约）来编程和操作数据的一种全新的去中心化基础架构与分布式计算范式；英国政府首席科学顾问发布的《分布式账本技术：超越区块链》[5]认为：区块链是一种数据库，它将一些记录存放到一个区块里，每一个区块使用密码学签名与下一个区块“链接”起来，并且可以在任何有足够权限的人之间进行共享和协作。从某种程度上说，区块链可以看成由一个相互平等的群体，在利用一系列的技术规则保证充分共识的基础上共同维护的账本。从数据的视角看，区块链可以看成一种数据库，并且由于区块链上的记录是加密、难以篡改及由多个参与方共同维护的，所以是高度可信的数据库。从技术生态的视角看，区块链是一种基于信息技术的自主治理方式，通过预设的规则达成信任，促成多方协作。

1.2　区块链技术起源

1991 年，Stuart Haber 和 W. Scott Stornetta[6]为了设计一个不可被篡改的系统，提出了最早的加密安全链式区块；次年，两位作者与 Dave Bayer 将 Merkle Tree[7]纳入区块结构，使许多文件的加密验证可以在一个区块内进行，提高了整个系统的运行效率。然而，对于最早的链式区块，依然需要一个可信的第三方进行签名。1999 年，Markus Jakobsson 和 Ari Juels 正式提出工作量证明（Proof of Work，PoW）的概念，即利用计算一致性哈希的方式来达成共识，其思想可以追溯到 1993 年 Cynthia Dwork 和 Moni Naor 利用计算数学难题的方式来减少垃圾邮件的一篇论文[8, 9]。2008 年，中本聪[1]在设计比特币时提出一种“区块+链”的新型数据结构，其中改进了原始的链式区块，利用工作量证明算法达成共识，以此免除了可信第三方。同时，通过调节一致性哈希计算结果的难度，可以控制区块产生速度。由于在分布式系统中，计算难题出解效率是不可控的，为解决不同节点同时处理计算难题时出现的公平问题，比特币在设计时采用的是最长链原则，即当计算难题导致多条合法链存在时，只考虑最长的链。

在此之后，区块链技术被广泛应用于加密货币，如何拓展加密货币的表现形式、增加成交量、减少交易时间、提高计算资源利用率等成为技术发展的重点。因此，一系列能够提高交易效率的共识协议被提出来，目的是解决加密货币交易效率低等问题，以消除区块链链式结构分叉的影响。同时，为了服务于不同的应用场景，专有链和联盟链的概念也在这一时期被提出，通过牺牲部分平等性、公平性，换取效率的提升。

2013 年年底，以太坊平台项目启动[10]，通过智能合约等技术的应用，同时提供应用开发环境和虚拟机，将分布式应用（DApp）的开发推向新的发展时期，孵化了大量 DApp。以太坊独创性地将智能合约加入区块链系统中，使区块链系统的应用不再局限于加密货币，拓宽了区块链技术应用的边界。智能合约的概念最早是于 1994 年由 Nick Szabo 提出的，当时被定义为“一套以数字形式制定的承诺，包括合约参与方可以在上面执行这些承诺的协议”[11]。当智能合约被预先部署在区块链上且条件满足时，系统会自动执行合约中的代码。智能合约可以被视为在区块链上运行的程序代码，由于程序本身不具备违约的可能性且天然可信，因此可以被用来进行链与链、链与非链之间的交互。

1.3 区块链发展阶段

综合区块链技术、应用、标准化和行业生态等发展情况，从 2009 年第一个应用比特币上线至今，区块链的发展经历了 3 个阶段。

第一阶段为区块链 1.0（2008—2013 年），为区块链技术起源和验证阶段。这一阶段的主要特征是通过比特币的稳定运行验证了区块链技术。2008 年中本聪提出比特币后，掀起了一股围绕加密货币的技术研发和产业发展的热潮，在这一时期，区块链多应用于存储加密货币交易信息，共识机制也多以 PoW 为主。这一时期区块链的发展多为基于比特币框架的改良，主要特点是公有链技术获得了较大的发展，加密货币行业应用的探索也刚刚开始，区块链标准化几乎空白，行业生态的典型特征是围绕加密货币的生态逐步发达。

第二阶段为区块链 2.0（2013—2015 年），为区块链概念导入和平台发展阶段。这一阶段，以太坊、超级账本等平台快速发展，智能合约等技术的应用促进了区块链在更多领域的应用探索，同时行业内开始了关于区块链标准

化的探讨。2014 年，Vitalik Buterin 提出了可以运行智能合约的新型区块链，智能合约的引入使得区块链本身的互信机制在区块链部署之后，可以由链自身完成，也使得在区块链上进行多种应用的开发成为可能。这一时期，以以太坊为代表的区块链及其应用开发社区，不满足于单纯将区块链作为实现加密货币的技术，孵化了许多基于智能合约的分布式应用雏形。

第三阶段为区块链 3.0（2015 年至今），为区块链概念普及和应用推广阶段。这一阶段，跨链、隐私保护等方面的技术逐步发展，区块链在供应链金融、食药溯源、司法存证、公共服务等领域应用活跃，部分应用开始走向规模化，同时国内和国际上区块链标准化快速发展，业内开始加快探索通用型基础设施的建设。

1.4　区块链技术基础

1.4.1　技术设计与优势

区块链技术设计的核心是在分布式网络中，通过共识机制、加密算法、智能合约等技术实现一种难以篡改、防伪造和可追溯的分布式账本的维护过程。图 1-2 为基于区块链的分布式账本维护过程。在分布式的区块链网络中，如果参与方 A 发起一笔交易，这笔交易会在区块链网络中进行广播，之后通过共识机制（如 PoW）选出本次交易的记账者，记账者的任务是将本次交易（也可能是与其他多个交易一起）打包形成区块，并将该区块广播给区块链网络中的所有参与者进行验证，经过验证后，该区块将永久性地被添加到区块链账本上，至此交易完成，区块链网络中的交易相关方 B 可以查看到交易结果。

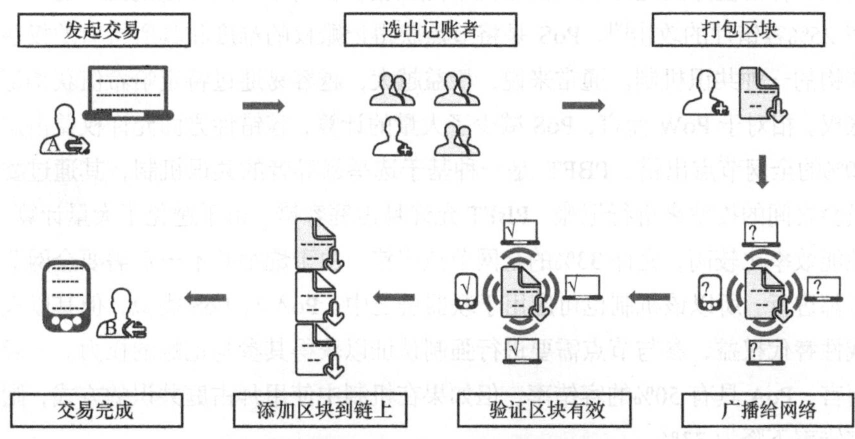

图 1-2　基于区块链的分布式账本维护过程

与集中式账本相比，通过区块链实现的分布式账本在分布式网络中的各节点保存账本的副本，从而可以有效规避单点故障带来的账本毁坏。同时，数据加密存储、多副本存储，以及"区块+链"的数据结构使数据极难被篡改或伪造，并且区块链上的数据按照先后顺序通过时间戳等技术组织起来，也使链上数据具有很好的可追溯性。

1.4.2　核心关键技术

区块链所依赖的技术包括提供存储、计算、通信等基础设施能力的P2P对等网络、虚拟化、容器、云计算、数据存储等相关技术，加密算法、数字摘要、数字签名、密钥管理、同态加密、零知识证明、环签名、属性加密等安全和隐私保护技术，以及共识机制、智能合约、跨链技术等。这些技术中很多是已经发展得比较成熟的技术，还有一些是在区块链中逐步发展或改良的技术，如共识机制、数据存储、加密算法、智能合约、跨链技术。

1. 共识机制

在区块链中，分布式节点统一的交易验证与确认方式称为共识机制。目前常用的共识机制有工作量证明（PoW）、权益证明（PoS）、实用拜占庭容错（PBFT）、权威证明（PoA）等。其中，PoW是通过运算解决特定的计算难题来保证所有节点公平地获得记账权的一种共识机制。由于每次记账需要较多节点同时运算，且对于没有计算出结果的节点算力浪费巨大、性能效率较低。容错性方面允许50%的全网节点出错，但对于一些特定的区块链，存在25%容错性的攻击[9]。PoS是将节点获得记账权的难度和其所持有的权益挂钩的一种共识机制。通常来说，权益越大，越容易通过特定哈希值获得记账权。相对于PoW而言，PoS减少了大量的计算，容错性方面允许权益占比50%的全网节点出错。PBFT是一种基于选举领导者的共识机制，其通过委员会之间的投票来进行记账。PBFT允许拜占庭容错，由于避免了大量计算，性能效率比较高，允许33%的全网节点出错。由于选举并不一定需要全网节点都进行，所以该机制也可应用于联盟链之中。PoA与PoS类似，但其以权威性替代权益，参与节点需要进行强制认证以获得其参与记账的权力。一般而言，PoA具有50%的容错率，但如果在机制中使用拜占庭共识的方式，则容错率下降为33%。

2. 数据存储

在区块链技术中，数据一般存放在区块内，区块按照生成的先后顺序，依次连接起来构成一个链状的线性结构。通常，区块具有区块头（Head）和区块体（Body）。区块头中存储着区块间的联系与加密信息，区块体中包含了经过验证的、区块创建过程中收集的所有交易信息。为了提升区块链的吞吐量，在数据存储结构的改良上，还出现了采用有向无环图（DAG）的形态替代单链的技术方案，即每一个新增的数据单元发布时，需要引用多个已存在的较新的父辈数据单元，随着时间的推移，所有包含交易的数据单元相互连接，形成有向无环图的图状结构。这种方案避免了单链中存在的串行化写入的限制，在并发性、可扩展性上有较大改善。

3. 加密算法

目前，区块链中常用的加密算法大致有散列（哈希）算法和非对称加密算法两类。其中，散列算法主要是将一段信息转化成一个固定长度的摘要，并且保证确定性和随机性，即对于特定信息，加密的结果一致；对于近似信息，加密的结果随机且无关联。目前，区块链中使用得比较多的散列算法是SHA256。非对称加密算法是由一对相互对应的密钥，即公开密钥（公钥）与私有密钥（私钥）组成的加密方法。任何获得公钥的人都可以使用公钥与私钥持有人进行安全信息交互，但由于公/私钥存在依存关系，所以只有私钥持有者才能解密该信息，任何未被授权的人乃至信息发送者都无法进行解密。区块链中常见的非对称加密算法有RSA、ECC、ECDSA等。

4. 智能合约

智能合约是一段完全部署在区块链上可自主运行的程序，程序所有的输出都会被完整地记录在链上。程序在封闭的沙盒中运行，与外部的交互只依赖于程序的输入与输出，无法直接操纵外部网络、文件系统或其他智能合约的信息。

国际标准《区块链和分布式记账技术——区块链和分布式记账技术中智能合约的概述与交互》[12]指出，智能合约需要具备机密性、公正性、可行性与隐私性，以保证智能合约不会被误用和滥用。其中，机密性是指由于智能合约全程都需要在区块链上运行，所以对于所有节点，智能合约的执行都是可见的。为了避免泄露智能合约的当前状态，需要使用同态加密或零知识证明的方式对信息进行处理。公正性是指需要保证智能合约按照最初的设定执行。可行性是指由于停机问题的存在，若智能合约是图灵完备的，那么外部可能会无法判断当前智能合约程序的运行状况。常见的解决方案是要么通过控制运行时间，保证不会出现停机问题；要么将智能合约的语言约束在一个更小的语言空间中，以避免出现停机问题。隐私性是指特定的智能合约只能由特定的群体进行调用和操作，以保证智能合约的状态和数据不会外泄。

5．跨链技术

跨链技术泛指两个或多个相对独立的区块链之间进行信息通信交互的技术。随着区块链技术的发展及不同区块链项目的快速增加，多链并行、多链互通成为未来发展趋势。链与链之间的数据交互、数据转移、信息通信日益重要。

跨链分为同构链之间的跨链和异构链之间的跨链。同构链之间的跨链大多发生于侧链和主链之间的信息交互。由于同构链具有相同的结构，其信息的转移传递相对比较容易。异构链之间的跨链则复杂得多，需要双方通过智能合约、预言机或第三方机构的中继等方式进行通信。

当前跨链技术依然不够成熟，跨链的易用性和可扩展性还有待发展。在跨链中同样也存在监管的问题，如何更安全、更快速地进行链与链之间的数据交互依然是亟须解决的问题。

1.4.3 区块链中的安全和隐私保护

1．区块链技术的安全性

区块链技术的安全性包括数据安全性和系统安全性两个方面。其中，区块链的数据安全性是指对于链上的数据，通常只有私钥所有者才能对其进行解密，而链上的其他人只能对数据进行验证，以避免所有者对数据进行私下操作，这样同时保证了隐私性和安全性。同时，当数据需要写入链上时，必须通过共识机制，即只有全网大部分人都认同数据记录的正确性时，数据才被允许写入。区块链的系统安全性是指对于所有参与者而言，看到的链上数据都是相同的，并且每个参与者都会拥有一份链上存储信息的副本，因此区块链天然地避免了传统的点对点的针对性攻击。

2．区块链技术面临的安全挑战与应对策略

1）数据公开性与参与公开性

在区块链上，所有的数据都是可见的，所有人（公有链）或经过授权的

人（专有链或联盟链）都能参与到区块链中。因此，对于身份伪造或信息窃取的防范具有一定的挑战。现有策略一般是通过足够困难的密码学技术，在计算上防止这一类问题的出现。

2）隐私保护

由于参与者链上的行为和变化对于所有人都可见，因此存在攻击者通过参与者链上行为对其进行相关信息推断的可能性。当前一般通过零知识证明等方式对参与者具体行为和隐私进行保护。

3）攻击防范

除典型的双花攻击、分布式攻击等攻击方式之外，对于具体的区块链，还可能存在一部分攻击者所需资源占比低于 50%的针对性攻击。在区块链机制上防止这一类攻击的出现，同时严防传统攻击条件成立的可能，对于区块链发展亦是一个重大挑战。目前，除部分已知攻击外，暂时还没有办法避免新的攻击出现。区块链的攻击与防范将在区块链技术发展成熟后成为一个新的研究热点。

3. 区块链的安全体系

1）物理安全

运行区块链系统的网络和主机应处于受保护的环境中，以避免其受到攻击导致区块链网络被破坏。根据实际情况和安全级别，可以采用防火墙、物理隔离、设立专网等方式进行保护。

2）数据安全与身份安全

由于区块链系统的公开性，链上数据传输应尽量避免数据和数据提供者身份的泄露。在向区块链网络提供数据时，应对数据及加密方式进行评估，以此决定是否发送数据上链。

3）密钥安全

由于密钥是区块链网络上唯一能对数据进行解密的工具，因此应对密钥进行妥善保管，如通过传统保密方式进行保存。建议对密钥进行周期性更新，或者在交易传输中使用一次性密钥等方式防止密钥在多次交易中泄露。

4）监管与风控

对区块链上整体状态变化应有严密的监测机制，对于可疑的操作应进行警告、排除，若有非法操作，则应评估损失，并在技术和业务层面对其进行补救，追查非法操作的来源与方式，杜绝同类攻击的再次发生。

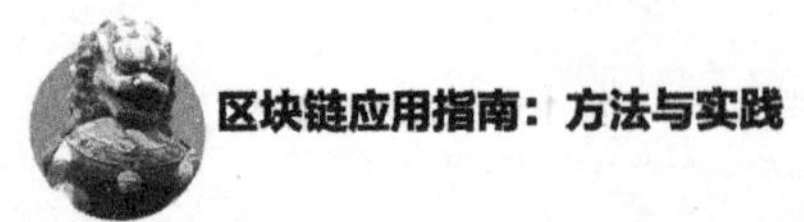

1.5 区块链的分类

目前，最通用的区块链分类方法是从参与者范围角度，将区块链划分为公有链、专有链和联盟链。

1. 公有链

公有链是任何团体和个人都能参与发送交易及进行共识的区块链，典型代表是比特币。公有链是最早的区块链，也是目前最为知名且传播最广的区块链。公有链具有完全的去中心化特征：链上所有行为都是公开的，链上运行不受任何人控制，区块链不归任何人所有。

对于公有链来说，理论上而言，不存在小团体能操控公有链的整体走向的情况，除非这个小团体能掌握世界上大部分的资源（算力，抑或是其他资源，取决于共识协议的具体实现）。所有用户可以自由地参与、离开公有链网络，并且能对公有链账本上的所有行为和所有数据进行查询。因此，公有链具有高度的平等性、公平性、公开性等特性。

2. 专有链

专有链为某个个人或团体专有的区块链，区块链的写入及更改权限由所有者独享，只有得到所有者允许的个人或团体才能参与区块链活动。目前，专有链大多被用来记录团体内部行为。

对于专有链而言，权限相同的用户之间依然具有公有链的性质；但对于不同权限的用户，由于本身的分工差异，因此并不具有平等的地位。在有些专有链中，允许具有最高权限的所有者对区块链进行任意程度的更改。

3. 联盟链

联盟链是专有链的拓展，不同于专有链，联盟链的权限通常是由一个专门的委员会管理。与专有链不同的是，联盟链通常用来处理一类具有共同利益的团体间的行为。

联盟链介于公有链和专有链之间，平衡了两类区块链的优点：既不像公有链那样自由，无法控制参与者的身份；又不像专有链那样封闭。常见的联盟链有超级账本（Hyperledger）、Diem（原 Libra）等。在我国，大多区块链项目都属于联盟链的类型。

此外，还可以从加入或参与区块链网络是否需要特定节点授权的角度将区块链划分为许可链和非许可链。

1.6 区块链系统架构

2017 年发布的团体标准《区块链 参考架构》[3]中将区块链系统架构划分为“四横四纵”的结构，即用户层、服务层、核心层和基础层 4 层，以及开发、运营、安全、监管和审计 4 类跨层功能。其中，核心层包括共识机制、账本记录、加密、摘要、数字签名、时序服务、智能合约等区块链核心功能组件。ISO/TC 307（区块链和分布式记账技术委员会）于 2017 年启动研制国际标准《区块链和分布式记账技术 参考架构》，其中将我国团体标准《区块链 参考架构》作为输入物之一，提出了相关系统架构，将涵盖区块链核心功能组件的一层称为平台层，并囊括了区块链预言机、链外数据和非区块链应用等非区块链系统功能组件。

2020 年 8 月，国际电信联盟电信标准化部门（ITU-T）发布《分布式记账技术的参考框架》标准，其中将区块链系统功能架构分为 6 个主要部分，如图 1-3 所示。

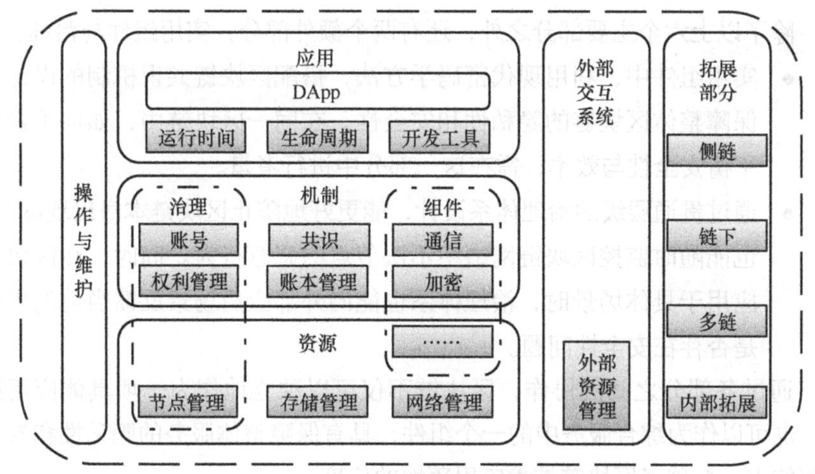

图 1-3 区块链系统功能架构

- 操作与维护：这一部分主要是区块链中各个分布式节点的具体行为，包括发布交易信息、验证交易信息和记账等过程。
- 应用：这一部分涵盖了在区块链上开发的应用程序，如 DApp 等。通

过管理应用程序的运行时间、生命周期，以及对应的开发工具，保障区块链上应用程序的可维护性和可拓展性。

- 机制：这一部分包含了账号、共识、权利管理、账本管理、通信等。账号与权利管理把控了整个区块链中参与者的行为权利。共识与账本管理可以预防非法行为的发生。通信则保障了参与者之间在链上的信息传输。
- 资源：这一部分对整个区块链进行节点管理、存储管理和网络管理。通过对计算存储资源的管理和调配，节约资源，以更高效地运行整个区块链网络。
- 外部交互系统：这一部分对区块链外的资源进行管理，拓展了区块链系统整体的边界，使区块链可以更方便地对外部数据进行采集，与外部应用进行对接。例如，通过外部交互系统，可将区块链系统视为一项具体服务［区块链即服务（Blockchain as a Service，BaaS）］。
- 拓展部分：这一部分是对区块链能力的延伸，侧链、链下、多链等通过外部拓展，使区块链不仅具有单一的对内交互治理的能力，同时也可以对外部环境和其他链进行操作。内部拓展主要在区块链内部模块上增加功能，以方便地拓展到不同的实际场景之中。

除了以上六个主要部分之外，还有两个额外部分：实用组件与治理。

- 实用组件中，利用现代密码学方法，搭配区块链共识机制的设计，保障整体区块链的隐私性和安全性。在同一区块链中，如何更好地平衡安全性与效率，需在这一部分中进行考量。
- 通过贯通层级的治理体系设计，能更好地防止区块链本身出现漏洞，也能随时监控区块链网络中不法节点的恶意行为。同时，在区块链应用于具体场景时，治理体系也能向外部应用场景反馈当前的操作是否存在安全性问题。

通过各部分之间的协作，区块链不仅可以独立地作为一项具体应用服务，也可以作为综合服务中的一个组件，具有保障整体服务的隐私性和安全性等特点，拓展了区块链技术应用落地的广度。

参考文献

[1] NAKAMOTO S. Bitcoin: a peer-to-peer electronic cash system[EB/OL]. [2008-10-31]. https://bitcoin.org/bitcoin.pdf.

[2] Blockchain and distributed ledger technologies—Vocabulary: ISO 22739:2020[S/OL]. [2021-07-16]. https://www.iso.org/standard/73771.html.

[3] 中国区块链技术和产业发展论坛. 区块链 参考架构: CBD-Forum-001-2017: 2017[S/OL]. [2020-05-15]. http://www.cbdforum.cn/bcweb/resources/upload/ueditor/jsp/upload/file/20201217/1608188444336059074.pdf.

[4] 袁勇, 王飞跃. 区块链技术发展现状与展望[J]. 自动化学报, 2016, 42(4): 581-494.

[5] Government Office of Science. Distributed Ledger Technology: Beyond Blockchain [EB/OL]. [2021-02-10]. https://assets.publishing.service.gov.uk/government/ uploads/system/uploads/attachment_data/file/492972/gs-16-1-distributed-ledger-technology.pdf.

[6] HABER S, STORNETTA W S. How to time-stamp a digital document[C]//Conference on the Theory and Application of Cryptography. Springer, 1990: 437-455.

[7] BAYER D, HABER S, STORNETTA W S. Improving the efficiency and reliability of digital time-stamping[C]//Sequences II: Methods in Communication, Security, and Computer Science. Springer, 1993: 329-334.

[8] JAKOBSSON M, JUELS A. Proofs of work and bread pudding protocols[C]//IFIP TC6/TC11 Joint Working Conference on Communications and Multimedia Security (CMS'99). Leuven, Belgium, 1999: 258-272.

[9] DWORK C, NAOR M. Pricing via processing or combating junk mail[C]//CRYPTO'92: Proceedings of the 12th Annual International Cryptology Conference on Advances in Cryptology, 1992: 139-147.

[10] EYAL I, SIRER E G. Majority is not enough: Bitcoin mining is vulnerable[C] // International conference on financial cryptography and data security. Springer, 2014: 436-454.

[11] 袁勇, 王飞跃. 区块链理论与方法[M]. 北京: 清华大学出版社, 2019.

[12] Blockchain and distributed ledger technologies — Overview of and interactions between smart contracts in blockchain and distributed ledger technology systems: ISO/TR 23455:2019[S/OL]. [2021-07-16]. https://www.iso.org/standard/75624.html?browse=tc.

第2章 区块链与新一代信息技术的融合

2.1 概述

自“十二五”被确立为七大战略性新兴产业之一以来，我国新一代信息技术发展迅速，逐步成为各行业深化信息技术的应用方向。同时，新一代信息技术加速迭代，加快与实体经济深度融合，在智能制造、金融、能源、医疗健康等行业中的作用越发重要。2018 年 5 月 28 日，习近平总书记在中国科学院第十九次院士大会、中国工程院第十四次院士大会上的讲话中首次提到区块链技术，并将其定位为新一代信息技术，指出“以人工智能、量子信息、移动通信、物联网、区块链为代表的新一代信息技术加速突破应用”。在中央政治局第十八次集体学习时，习近平总书记强调，要构建区块链产业生态，加快区块链和人工智能、大数据、物联网等前沿信息技术的深度融合，推动集成创新和融合应用。从国内外发展趋势和区块链技术发展演进路径来看，区块链技术和应用的发展需要云计算、大数据、信息物理系统、人工智能等作为基础设施技术支撑，同时区块链技术和应用发展对推动新一代信息技术产业发展具有重要的促进作用。

区块链与云计算、物联网、大数据、人工智能等同是新一代信息技术的典型代表，区块链与其他新一代信息技术相互促进、融合发展，有望给人们的生产方式和生活方式带来一系列变革。

特别是在实体经济中的应用，更需要区块链与其他新一代信息技术的结合，以共同保障数据上链后的真实性和透明性。诸如如何保障区块链上链数据的真实性，在节点下移、节点数量增多时区块链带宽和时延如何保障，区块链的数据与大数据和人工智能如何协同等问题成为区块链发展中亟须解

决的问题。

区块链的全面商用化发展，将加大各种新技术协同，形成前段通过物联网与第五代移动通信技术（5G）对数据进行采集和传输，而后段依托大数据和人工智能等对数据进行精准分析，中间段数据由区块链保障其可靠性，从而形成前中后 3 段技术的整合，如图 2-1 所示。

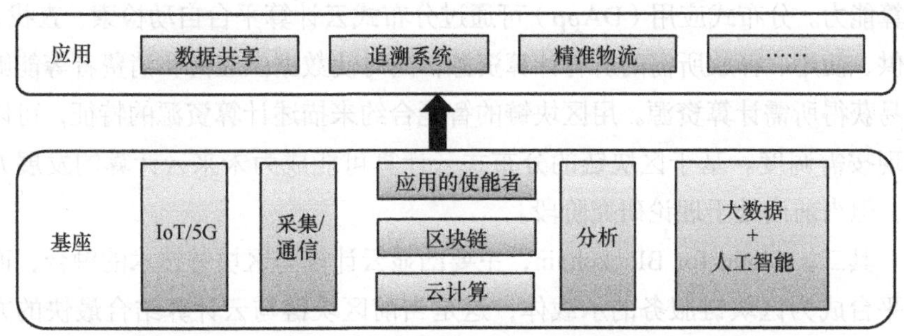

图 2-1　区块链与新一代信息技术融合

2.2　区块链与云计算

云计算是基于互联网的计算方式，实现软/硬件资源和信息的共享，并根据需求为各种终端和其他设备提供计算能力。云计算是从客户机/服务器（Client/Server，C/S）模式发展而来的，是基于互联网相关服务的增加、使用和交付模式。美国国家标准与技术研究院（NIST）给出的定义是：云计算是一种能够通过网络，以便利的、按需付费的方式获取计算资源（包括网络、服务器、存储、应用和服务等）并提高其可用性的模式，这些资源来自一个共享的、可配置的资源池，并能够以最省力和无人干预的方式获取和释放[1,2]。现阶段云计算不仅是一种分布式计算，还包括效用计算、负载均衡、并行计算、网络存储、热备份冗杂和虚拟化等计算机技术，是以上技术融合演进的结果。

当前云计算技术的产业发展中仍存在一些问题：其一，云计算市场极度中心化，少数几家互联网科技巨头依靠自身高度集中化的服务器资源垄断了整个云计算市场；其二，云计算过度集中导致算力服务价格居高不下，算力成为稀缺资源，极大地限制了企业上云的发展需求。

云计算是一种按使用量付费的模式，而区块链则是一个分布式账本数据库，是一个信任体制。从定义上看，两者似乎没有直接关联，但是区块链作为一种资源存在，具有按需供给的需求，也是云计算的组成部分之一，两者之间的技术可以相互融合。

区块链与云计算融合主要有以下两种方式。

其一，Blockchain for Cloud，主要依托区块链实现分布式云计算的架构，基于区块链的分布式云计算，允许按需、安全和低成本地访问最具竞争力的计算能力。分布式应用（DApp）可通过分布式云计算平台自动检索、查找、提供、使用、释放所需的所有计算资源，同时使数据供应商和消费者等能够更易获得所需计算资源。用区块链的智能合约来描述计算资源的特征，可以实现按需调度。基于区块链的分布式云计算可能成为未来云计算的发展方向，但当前尚处于理论研究阶段。

其二，Cloud for Blockchain，主要凸显云计算与区块链技术的融合，而云平台成为区块链服务的承载体，这是当前区块链与云计算结合最快的方向。众所周知，区块链技术开发、测试、信用证明（Proof of Credit，PoC）等涉及多个系统，单机模式成本昂贵将极大地制约区块链技术的推广。因此目前全球近乎所有的云厂商都依托自己的云平台推出区块链服务，将云计算与区块链两项技术融合催生出一个新的云服务市场“区块链即服务”（Blockchain as a Service, BaaS），既加速了区块链技术在多领域的应用拓展，又对云服务市场带来了变革发展。区块链与云计算的紧密结合，促进 BaaS 成为公共信任基础设施，形成将区块链技术框架嵌入云计算平台的融合发展趋势。其中，以联盟链为代表的面向企业（To Business）的区块链企业平台需要利用云设施完善区块链生态环境；以公有链为代表的面向用户（To Client）的区块链需要为去中心化应用提供稳定、可靠的云计算平台。区块链与云计算的融合，可以满足各行业、各领域区块链技术快速部署的需求，降低部署的时间和成本，同时借助云平台的安全性可对区块链的安全性进行加固。

BaaS 可以说是一种新型云服务，旨在为移动和 Web 应用提供后端云服务，包括云端数据/文件存储、账户管理、消息推送、社交媒体整合等。BaaS 是垂直领域的云服务，随着移动互联网的持续火热，BaaS 也受到越来越多开发者的青睐。它作为应用开发的新模型，可以降低开发者成本，让开发者只需专注于具体的开发工作。

BaaS 介于平台即服务（Platform as a Service，PaaS）和软件即服务（Software as a Service，SaaS）之间。BaaS 简化了应用开发流程，而 PaaS 简

化了应用部署流程。PaaS 是一个执行代码及管理应用运行环境的开发平台，用户通过版本控制系统 SVN（Subversion 的缩写）或分布式版本控制系统 Git 之类的代码版本管理工具与平台交互。简而言之，PaaS 就像一个容器，其输入是代码和配置文件，输出是一个可访问应用的链接。而 BaaS 平台将用户需求进行了抽象，如用户管理，开发者希望创建用户数据库表（模型）后，客户端就可以通过 Restful 接口直接操作对应的模型，所有的操作都可以被抽象为 CRUD [创建（Create）、读取（Retrieve）、更新（Update）和删除（Delete）]。同时，BaaS 通过智能合约来约定 SaaS 应用的执行规则，界定 SaaS 的自动执行程序的流程。因此，BaaS 是介于 PaaS 与 SaaS 之间的，偏向于应用，而非仅是一个业务中间件。

BaaS 服务已经受到全球各大企业的重视，2013 年 4 月，Facebook 收购了 Parse；2014 年 6 月，苹果发布了 CloudKit；2014 年 10 月，Google 收购了 Firebase。Parse、CloudKit、Filrebase 都是国外知名的 BaaS 类产品，利用 Google Ventures 参与区块链项目和公司的投资，并结合收购的技术开发自己的 BaaS 平台。IBM 通过贡献 Hyperledger 开源联盟，借助其 BlueMix 平台提供区块链服务，并通过区块链将原有的产业从金融向医疗、制造等行业延伸。微软通过 Azure 提供其自已的区块链服务，借助 Intel 的 SGX TEE 构筑基于硬件的区块链能力。而国内云平台厂商，如华为、蚂蚁金服、腾讯、浪潮、京东等厂商都已经具备了提供 BaaS 平台的能力，形成了自己的区块链平台服务，构建了一云一服务的模式。区块链+云计算框架如图 2-2 所示。

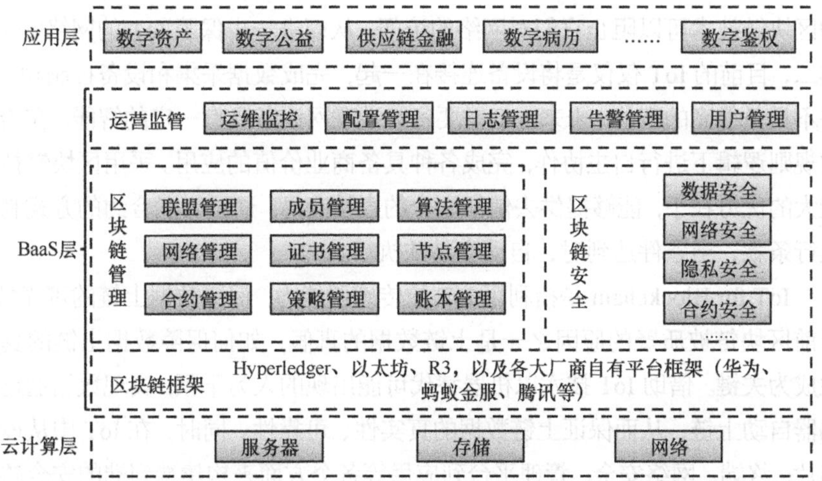

图 2-2　区块链+云计算框架

2.3 区块链与物联网

近几年，物联网（IoT）作为通信行业的核心发展领域之一，正逐步向建立领域聚焦、能力聚集的 IoT 生态方向快速演进，引入各类新兴技术已成为通信行业培育 IoT 生态的重要手段。数字身份是将用户或 IoT 设备（包括物）的真实身份信息浓缩后的唯一性数字代码，是一种可查询、识别和认证的数字标签，数字身份在 IoT 环境中具有代表身份的重要作用。

Blockchain for IoT 是指利用区块链技术，使用加密技术和安全算法来保护 IoT 的数字身份，从而构建 IoT 环境下更加安全、便捷的数字身份认证系统。目前，IoT 面临最紧迫的挑战是数据的隐私性、数据存储的安全性、数据的连续性及数据交互的兼容性等问题。通过区块链可以解决 IoT 最关键的两个问题。其一，数据发送前进行加密，在数据传输和授权的过程中，加入身份验证环节，涉及个人数据的任何操作，都需要经过身份认证进行解密和确权，并将操作记录等信息记录到链上，同步到区块链网络上。通过区块链的这种方式，可以在一定程度上保护用户数据的安全隐私问题。IoT 数字身份在上链之前需要通过认证机构（如政府、企业等）的认证与信用背书，上链之后，基于区块链的数字身份认证系统保障数字身份信息的真实性，并提供可信的认证服务。IoT 中每个设备都有自己的区块链地址，可以根据特定的地址进行注册，从而保护其数字身份不受其他设备的影响。基于区块链的 IoT 设备的确权管理可以保障这些大量原有 IoT 设备的安全性，同时对于受劫持的 IoT 设备，借助区块链技术可以阻止它们对网络的访问，从而进一步保障 IoT 的网络安全。其二，目前的 IoT 仅仅是将设备连接在一起，完成数据采集和设备控制功能，并不具备很高的智能，未来 IoT 需要各终端联网设备具有一定的智能，在给定的规则逻辑下进行自主协作，完成各种具备商业价值的应用。采用区块链技术最大的优势在于，能够提供去信任中介的直接交易，通过智能合约的方式制定执行条款，当条件达到时，自动交易并执行。

IoT for Blockchain 是指利用 IoT 的传感器能力，保障数据上链的可靠性。当前区块链被质疑的原因之一是上链数据的真假，如何保障数据上链的真实性成为关键。借助 IoT 技术以机器替代可能出现的人为干预，实现数据通过传感器自动上链，从而保证上链数据的真实性、可靠性。同时，在 IoT 中从设备芯片、终端、网络安全、管理平台到应用等各个方面来构建端到端的安全防御体系，从而使基于 IoT 的安全防御体系能为区块链平台提供体系安全保障。

IoT for Blockchain 的应用相对较多，第一类是追溯类应用：基于 IoT 的 NFC 芯片可以实现对于物品的追溯应用，其过程中的数据上链是依托 NFC 扫描实现的，从而保证追溯的真实性。第二类是融资类应用：基于仓单的融资类应用，仓单的信息扫描等需要 IoT 技术的介入，形成 IoT 辅助区块链，实现仓单类电子数据类产品的融资。第三类是物流类应用：目前物流类应用，特别是基于企业的物流，希望推行精准物流，减少物流缺口，节省物流成本。可以基于物品的溯源实现区块链+IoT 联动，构筑信息的可信追溯。区块链 +IoT 架构如图 2-3 所示。

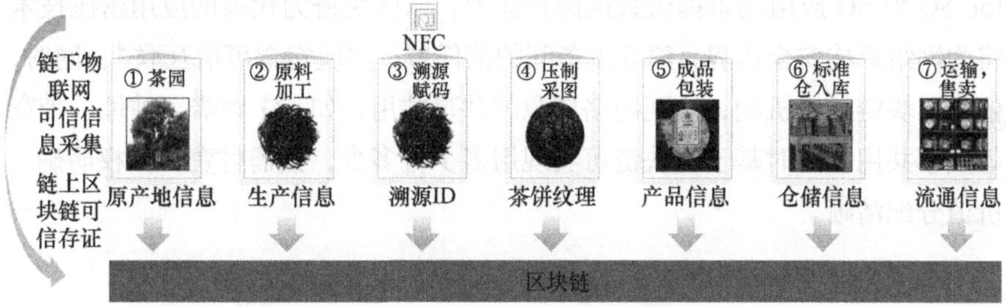

图 2-3　区块链+IoT 架构

2.4　区块链与 5G

第五代移动通信技术（5G）是移动通信领域的革命性技术，以高速率、低时延、海量接入、移动速率快、安全性高为主要特点，这些特点可以用来支持新的多方商业模式和服务之间的无缝交互[3]。5G 不再局限于 2G/3G/4G 时期主要服务个人的范畴，更关注应用场景的多元化，特别是面向企业应用的范畴。5G 支持的三大类典型应用场景如下：

其一，增强型移动宽带（eMBB），面向高速移动要求下的极致通信体验，其应用有三维（3D）、超高清视频及高铁快速移动下的带宽保障等大流量移动宽带业务对移动性及高带宽的并行要求。

其二，高可靠低时延（uRLLC），面向自动驾驶的实时信息通信、移动医疗的实时数据影像传输、工业制造的超高清视频器件加工等，对时延和可靠性提出极高的要求。

其三，大连接量（mMTC），面向物与物的通信需求，可应用于智慧城市、智能穿戴、智能家居设备及工业连接等以传感和数据采集为目标的应用场景。

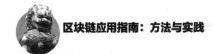

5G 在用户隐私保护、线上交易信任确立、虚拟知识产权保护等领域仍存在短板，而区块链技术可以通过密码学等手段为其提供交易和产权保护能力。5G for Blockchain 中，5G 时代大量的计算和存储由智能终端和边缘计算节点来承担，且随着区块链节点的增加，对带宽、时延的要求也会提高，且带宽需求随着节点数量的增加而增加。5G 网络解决业务量增大情况下的局部网络拥塞（如信令响应、大带宽与低时延等）问题，可以应用于车联网、远程视频、智慧城市等领域，同时可以依托 5G 网络提升区块链网络互联的性能和稳定性（5G 可实现 10Gbps 的数据传输），如图 2-4 所示。Blockchain for 5G 为 5G 应用场景提供数据保护能力，以区块链为代表的应用密码技术将为网络重构安全边界，建立设备间的信任域，实现安全可信互联[4]。同时，依靠区块链技术机制，实现网络资源的共享共用，如 5G 频谱、站址、带宽等共享共用，同时基于区块链可实现用多少付多少，按需付费，责权明确，价值分配清晰。

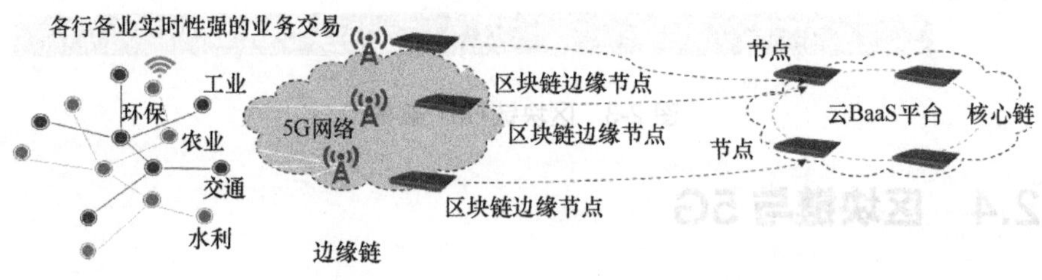

图 2-4　5G for Blockchain 应用组网

5G 与区块链技术的融合，呈现出相辅相成的关系，可以提供高效、安全和快速的服务体验，加速区块链在 5G 应用场景中的落地。5G 技术为实现高效率的数字化经济提供支撑，而区块链技术为数字化经济提供安全和信任保障。“5G+区块链”协同推动金融支付、智慧城市、IoT、车联网、无人驾驶、工业控制等领域的应用快速发展。

2.5　区块链与大数据

大数据是一种规模大到在获取、存储、管理、分析方面大大超出了传统数据库软件工具能力范围的数据集合，具有海量的数据规模、快速的数据流转、多样的数据类型和低价值密度四大特征。大数据已在人们的生产生活中

得到了广泛的应用，特别是 2020 年新冠肺炎疫情突发，大数据在疫情的统计、分析、判断中发挥了重要作用。在当前由信息技术（Information Technology，IT）时代到数据技术（Data Technology，DT）时代的发展过程中，数据已成为一种能够流动的资产，通过分析、利用大数据，能够挖掘出其强大的社会价值及经济价值。大数据的发展取得了重要的成果，但目前也面临着巨大挑战：

（1）数据源间数据的流通与共享打破了原有数据管理的安全边界，数据在流动中可能存在的安全隐患增加。

（2）针对大数据资源的窃取、攻击与滥用等行为越来越严重，对国家及相关机构数据安全防护能力提出了更高的要求。

例如，Facebook 数据外泄事件，使大数据资源的非授权使用成为问题，其 5000 万名用户的个人数据被泄露，间接影响了 2016 年美国总统大选的结果。2019 年，勒索软件相关的数据恢复成本增加了一倍以上。2020 年，带有数据泄露机制的勒索软件给企业带来了更加高昂的数据恢复成本。2020 年，加拿大最大的医疗实验室测试服务提供商 LifeLabs 发生了大规模的数据泄露事故，近 1500 万名加拿大人的个人和医疗信息被泄露，其不得不向攻击者缴纳赎金。专家认为攻击者采用了“勒索软件+数据泄露”的双重手法，大大提高了赎金的“征收”力度。因此，大数据的非授权共享不但会影响用户自身的数据安全，还会对国家安全造成严重威胁。实现安全、可控的大数据资源流通与共享，是大数据应用及其发展所面临的核心科学问题。

区块链以其可追溯性、安全性和防篡改性等优势，将在解决数据互联互通和开放共享等问题上发挥巨大作用，最终减少信息摩擦、突破信息孤岛，实现“社会化大数据”的目标。从长远来看，区块链与大数据的结合可能给社会生产生活带来很大变化。2020 年 4 月，中国互联网络信息中心（CNNIC）发布《第 45 次中国互联网络发展状况统计报告》，指出 2020 年大数据领域将呈现的十大发展趋势之一是区块链技术的大数据应用场景渐渐丰富[5]。根据 Neimeth 估计，到 2030 年，区块链分布式账本的价值可能会达到整个大数据市场的 20%，产生高达 1000 亿美元的年收入，超过 PayPal、Visa 和 Mastercard 的总和[6]。

区块链技术的分布式架构与智能合约技术恰好与大数据环境下分布式、动态访问控制需求相吻合，大数据访问控制涉及大数据资源的采集、汇聚、管理、控制等，大数据访问控制架构与区块链结合后可分为基础数据层、资源管理层、设施层、事务层、共识层、合约层等几部分，如图 2-5 所示。

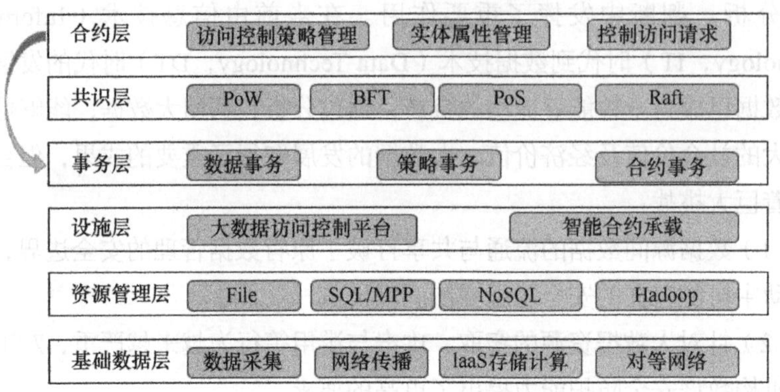

图 2-5　区块链+大数据可视化分析平台架构

（1）基础数据层：真实的大数据资源，包括结构化数据、非结构化数据和半结构化数据。依托区块链，通过数据采集实现可分布式存储，保障大数据的数据层的安全，避免了传统方式下数据分布式存储、逻辑集中的模式。

（2）资源管理层：基于区块链技术对大数据资源进行资源管理，实现不同来源 File、SQL 等大数据资源的汇聚。

（3）设施层：由区块链平台为大数据访问控制提供基础设施，是整个架构的基础，这个大数据的基础设施层是大数据访问控制平台事务和智能合约的载体，是基于区块链技术，形成与上层应用的衔接。

（4）事务层：提供针对数据、策略、合约等访问控制的事务控制。例如，数据事务是对大数据资源进行管理，承接资源管理层的诉求；策略事务主要针对访问控制策略管理与合约层进行配套提供数据支撑；而合约事务与区块链的智能合约挂钩，为智能合约提供运行环境。

（5）共识层：通过各类共识算法（如区块链的 PoW、PoS、BFT 等共识算法）来保证分布式节点间访问控制数据的一致性和真实性，从而在节点间达成稳定的共识。

（6）合约层：与事务层相链接，提供访问控制策略管理、控制访问请求及实体属性管理等功能。

2.6　区块链与人工智能

人工智能是一种被人类设计出来的，可以将感知信息映射到行动的智能

体，它可以根据环境采取理性的行为并做出决策[7]。大数据、类脑计算和深度学习等技术的发展，掀起了人工智能的又一次发展浪潮[8]。人工智能主要包括自然语言处理、机器人、视觉感知、图像识别和专家系统等。随着数据化产业的发展，区块链与人工智能可融合发展，区块链解决数据的可信安全传输，而人工智能实现对数据的深度分析，如图 2-6 所示。

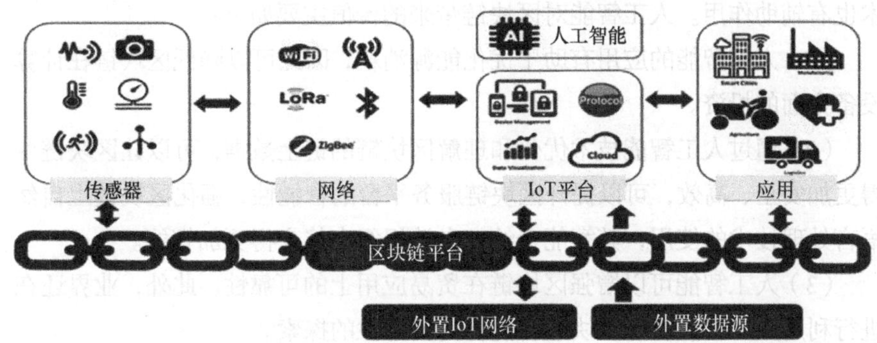

图 2-6　区块链+人工智能构建能力集合（图片来源：www.telecomcircle.com）

区块链技术为人工智能带来的主要价值如下：

（1）帮助人工智能解释黑盒。人工智能当前面临的一大问题是黑盒的不可解释性和难以理解性。因此，清晰的审计跟踪可以提高数据的可信度，也为追溯机器决策过程提供了一条清晰的途径。区块链的防篡改、无法伪造时间戳等特性无疑是建立审计跟踪的最佳解决方案。

（2）提高人工智能的有效性。安全的数据共享意味着需要更多的数据、更好的模型、更好的操作、更好的结果，以及更好的新数据。基于区块链分布式的数据库本质，获取更多更真实的数据将不再是难题。

（3）降低进入市场的壁垒。首先，区块链将促进更干净、更有组织的个人数据的建立。其次，区块链会促进新市场的出现，如数据市场、模型市场，甚至可能还会出现人工智能市场。因此，数据共享、新的市场与区块链数据验证一起，既可以降低中小企业进入市场的门槛，缩小科技巨头的竞争优势，又可以为企业提供更广泛的数据访问及更有效的数据货币化机制。

（4）增强可信性。一旦人类社会的部分工作由智能机器管理时，区块链清晰的审计跟踪特性就可以促进智能机器之间互相信任，并且最终取得人类信任。除此之外，区块链技术还能增加机器与机器的交互，并为交易提供一个安全的方式来共享数据和协调决策。

（5）降低重大风险概率。在拥有特定智能合约的分布式自治组织（DAO）中编写人工智能程序，只有其自身才能执行，这将大大减少人工智能灾难性事故的发生[9]。

人工智能和区块链可以相互融合，获得更好的结果。基于区块链的可追溯性，可以对人工智能数据源进行定点纠正。反过来，人工智能对区块链技术也有辅助作用。人工智能对区块链带来的价值主要如下：

（1）人工智能的应用有助于优化能源消耗，因此可以降低区块链在计算设备方面的投资。

（2）通过人工智能技术优化和理解区块链的链上数据，可以让区块链变得更加安全、高效，可以提升区块链服务平台的智能性，强化区块链上自然语言处理技术的使用，其智能合约、自治组织也将变得更加智能。

（3）人工智能可以增强区块链在贸易应用上的可靠性。此外，业界还在进行利用人工智能提升区块链智能合约安全性的探索。

区块链和人工智能各自的特征及存在的痛点，决定了两者结合的必然性。区块链将把孤岛化、碎片化的人工智能以共享方式实现通用智能，而人工智能将解决区块链在自治化、效率化、节能化及智能化等方面的难题，两者技术结合带来的价值如下：

（1）从数据的角度来看，区块链以密码学技术为基础，以去中心化的方式，对大量数据进行组织和维护，从而使用户可以控制自己的数据，打破科技巨头垄断数据的现状。区块链上的数据全部都附有相关人不可伪造的数字签名，区块链还具有完全公开、高可靠性、去信任等诸多优点，可以实现全球数据共享和溯源，使得构建更大规模、更高质量、可控制权限、可审计的全球去中心化的人工智能数据交互分析平台成为可能。

（2）从算力角度来看，区块链把分布式计算与人工智能相结合，将大型GPU或FPGA服务器集群、中小型企业闲散的空余GPU服务器及个人闲置GPU作为计算节点，利用区块链技术通过共享算力，可以为人工智能提供算力供给。人工智能与区块链平台相结合，还可以有效提升系统性能，减少算力的消耗。

（3）从算法角度来看，在人工智能各种深度学习、强化学习的任务平台上，结合区块链技术共享机制，利用群体智慧进一步来优化人工智能算法，一套算法可以由多个人工智能专家更新维护，不再由一家公司决定一套算法[10]。

参考文献

[1] National Institute of Standards and Technology. NIST Cloud Computing Standards Roadmap[EB/OL].[2020-05-05]. https://www.nist.gov/system/files/documents/itl/cloud/NIST_SP-500-291_Version-2_2013_June18_FINAL.pdf.

[2] 周洪波. 云计算: 技术、应用、标准和商业模式[M]. 北京: 电子工业出版社, 2011.

[3] CHAER A, SALAH K, LIMA C, et al. Blockchain for 5G: Opportunities and Challenges [C]//2019 IEEE Globecom Workshops (GC Wkshps). IEEE, 2019.

[4] 许丹丹, 张云勇, 张道琳, 等. 5G 时代区块链发展趋势及应用分析[J]. 电信科学, 2020(3): 117-123.

[5] 中国互联网络信息中心. 第 45 次中国互联网络发展状况统计报告[EB/OL]. [2020-04-28]. http://www.cnnic.net.cn/hlwfzyj/hlwxzbg/ hlwtjbg/202004/t20200428_70974.htm.

[6] 区块链与大数据不得不说的互补关系[EB/OL]. [2019-01-22]. https://www.qubi8.com/archives/177710.html.

[7] RUSSELL S J, NORVIG P. Artificial intelligence: a modern approach[M]. Malaysia: Pearson Education Limited, 2016.

[8] 方俊杰, 雷凯. 面向边缘人工智能计算的区块链技术综述[J]. 应用科学学报, 2020, 38(1): 1-21.

[9] 区块链技术将给 AI 技术带来哪些好处? [EB/OL]. [2018-09-01]. https://blog.csdn.net/lidiya007/article/details/82286961.

[10] 人工智能与区块链相结合将会有怎样的潜力[EB/OL]. [2018-10-02]. https://www.sohu.com/a/257435926_100217347.

第二部分 应用生态篇

为抢占区块链前沿技术的战略高地，全球各国、各地区高度重视，制定和发布了多个文件，促进区块链的研究与应用，大大推动了区块链产业的发展。事实上，区块链的作用不仅体现在技术、平台或工具层面，还在发展中不断重塑行业模式、运行机制、应用环境，进而形成多方参与的，集基础设施、技术、应用、政策等于一体的区块链应用生态系统。

第二部分 应用生态篇

为抢占区块链前沿技术的战略高地，全球各国、各地区高度重视，制定和发布了多个文件，促进区块链的研究与应用，大大推动了区块链产业的发展。事实上，区块链的作用不仅体现在技术、平台或工具层面，还在发展中不断重塑行业模式、运行机制、应用环境，进而形成多方参与的、集基础设施、技术、应用、政策等于一体的区块链应用生态系统。

第3章 区块链应用现状与生态

3.1 国际区块链应用发展情况

3.1.1 全球主要国家政策、法规

作为最前沿的计算范式，区块链技术引起了世界各国政府的广泛关注与大力支持。近年来，全球主要国家和地区政府对区块链从关注、研究开始转向规范发展和战略部署。澳大利亚、韩国、德国、荷兰等国积极发展区块链产业，制定产业总体发展战略；美国、中国、韩国、日本、新加坡、英国、澳大利亚及欧盟等重视区块链技术研究与应用探索；阿联酋、澳大利亚、法国、瑞士、芬兰、列支敦士登、中国及日本等还制定了区块链监管方面的法规，明确了金融领域、互联网信息领域的监管要求。

美国国防部、卫生部、邮政管理局等多个部门高度重视区块链的应用潜力，特拉华州、伊利诺伊州等州政府探索区块链在企业注册及股权管理等方面的应用，美国小企业创新研究（Small Business Innovation Research，SBIR）计划和小企业技术转移（Small Business Technology Transfer，STTR）计划多次资助区块链企业的开发活动。2019 年 7 月，美国国防部发布《数字现代化战略》，提出利用区块链技术进行数据安全传输的试验。同月，美国国会通过了一项《区块链促进法案》，要求美国商务部成立区块链工作组，向国会提交包括区块链技术定义及其他方面建议在内的报告。

欧盟方面，2018 年 4 月，欧洲区块链合作伙伴关系（European Blockchain Partnership，EBP）创建，并启动建设了欧洲区块链服务基础设施（European Blockchain Services Infrastructure，EBSI），旨在使用区块链技术提供欧盟范围内的跨境公共服务。2019 年 11 月，欧盟委员会宣布了一项包括区块链技术在内的初创公司投资计划——在 2020 年提供 1 亿欧元支持该行业的公司，预计该基金将进一步吸引私人投资 3 亿欧元，创建整个欧盟范围内充满活力的创新生态系统。2019 年 9 月，德国发布了全球首个国家层面区块链领域的战略性政策文件《德国联邦政府的区块链战略》，明确了德国发展区块链的战略定位、战略实施原则、战略行动及具体措施等，在金融、创新、数字化等五大行动领域提出了由 11 个部委分工负责的 44 项具体措施（见表 3-1）。

表 3-1 德国区块链战略措施及落实任务分工

措施	发起部门
1.1 通过立法支持电子证券发行	财政部、司法和消费者保护部
1.2 通过立法规范加密代币发行	财政部、司法和消费者保护部
1.3 为加密代币交易平台和托管提供法律保障	财政部
1.4 在欧洲和国际层面开展工作，确保稳定币不会成为国家货币的替代品	财政部
2.1 鼓励能源行业以实践为导向，研究、开发和应用区块链技术	经济与能源部
2.2 推动基于区块链的能源系统与公共数据库连接	经济与能源部
2.3 为能源部门建立包括区块链在内的多技术融合应用实验室	经济与能源部
2.4 鼓励为数字业务流程的开发和应用建立测试环境	经济与能源部
2.5 支持发展中国家的区块链解决方案创新	经济合作与发展部
2.6 将可持续发展相关要求作为国家资助或发起区块链技术项目的重要决策标准	环保部
2.7 推动生态可持续的区块链应用	财政部、环保部
2.8 研究使用区块链技术提升供应链和价值链的透明度	教育及研究部、经济合作与发展部、环保部、食品与农业部
2.9 鼓励研究开发有效的治理结构，促进物流行业应用区块链技术	交通与数字基础设施部、教育及研究部
2.10 开发和推广保护消费者的区块链应用	司法和消费者保护部、食品与农业部
2.11 鼓励基于区块链的高等教育证书验证	教育及研究部
3.1 举行一次区块链和数据保护的圆桌会议	经济与能源部、内政部
3.2 检验使用区块链技术提供的法律证据	司法和消费者保护部、内政部
3.3 监控和调研创意产业中的区块链应用	司法和消费者保护部
3.4 2020 年年底前调研区块链技术在公司法和合作法中的应用	司法和消费者保护部
3.5 研究新型协作形式的法律框架	司法和消费者保护部、经济与能源部

（续表）

措施	发起部门
3.6 审查区块链技术对国际仲裁委员会的适用性、可行性和潜力	司法和消费者保护部、经济与能源部
3.7 利用区块链技术完善许可证制度中的身份证明	交通与数字基础设施部
3.8 启动能源行业的智能合约登记注册	经济与能源部
3.9 为智能合约引入经认可的认证程序	经济与能源部
3.10 制定设备身份识别、认证和验证的技术程序	经济与能源部
3.11 积极参与制定国际标准，使用开放接口	经济与能源部
3.12 采取措施连接卫生部门的开放接口	卫生部
3.13 分析区块链技术的信息安全	内政部
3.14 鼓励开发创新的密码算法和协议	教育及研究部、内政部
4.1 检查州一级的数字身份与区块链应用的关联性	内政部
4.2 试行基于区块链的数字身份并评估进一步的应用	内政部
4.3 测试个人安全数字身份的互操作性	经济与能源部
4.4 对区块链进行测试，以便永久提供电子可信服务信息	经济与能源部
4.5 参与开发欧洲区块链服务基础设施	经济与能源部、内政部、交通与数字基础设施部
4.6 鼓励区块链技术在政府中应用，并在公共领域提供支持	内政部、经济合作与发展部
4.7 研究可能偏离传统形式的应用案例	经济与能源部
4.8 研究测试相关应用的安全验证代币的开发、推广和使用	内政部、教育及研究部
4.9 引入区块链应用，提高第三国电子商务交易的海关评估效率和透明度	经济合作与发展部
4.10 研究区块链技术在机动车管理中的应用	交通与数字基础设施部
5.1 就区块链技术展开系列对话	经济与能源部、教育及研究部
5.2 在“数字中心计划”框架内通过中小企业 4.0 能力中心进行信息交换	经济与能源部
5.3 支持与应用相关的新合作形式	经济与能源部、教育及研究部
5.4 加强现有的开放数据举措，并改善开放数据的重用	内政部、经济与能源部
5.5 研究基于区块链技术的新应用技术评估	教育及研究部

澳大利亚方面，2020 年 2 月，澳大利亚工业、科学与资源部发布了《国家区块链路线图》，重点关注制定法规和标准，技能、能力和创新，以及国际投资与合作 3 个关键领域，提出 2020—2025 年推动澳大利亚区块链产业发展的 12 项举措，包括成立国家区块链路线图指导委员会、推动相关应用试点、支持区块链创业和投资等。

韩国政府一贯重视区块链技术在垂直行业中的应用落地。2018 年 6 月，韩国科学与 ICT 部发布区块链发展战略，其中确定 6 项试点项目，分别为牲畜产品溯源、个人清算、房地产交易、在线投票、国际间电子文档管理、船舶物流。2019 年 4 月，韩国互联网与安全局（KISA）和韩国科学与 ICT 部合作，将该示范项目扩大到 12 个，涵盖数字身份、政府档案、医疗健康、物流、能源等领域。

3.1.2 行业应用实践

在企业界，不少企业纷纷投入区块链发展热潮之中，不断加大区块链投入力度。一是全球主流金融机构积极布局区块链的研究和应用，美国运通、高盛、摩根大通、瑞银集团等金融机构纷纷布局区块链，成立区块链实验室，参与投资区块链初创公司及开发区块链应用；二是更多区块链技术和服务提供商进入行业，包括 IT 企业、咨询公司等，如 IBM、微软、甲骨文、英特尔、微众银行、华为、德勤等，提供区块链底层平台、BaaS 平台、区块链解决方案等多种形式的产品和服务；三是越来越多的用户关注、探索和推动区块链在金融服务、智能制造、供应链管理、文化娱乐等多个行业的应用；四是高校、研究院所等技术力量进一步加大在区块链领域的投入，技术生态逐渐构建。

传统企业加快了区块链在实体经济领域的应用探索。区块链技术诞生后的几年时间内，业界一直将其视为构建数字货币的技术，直至区块链的应用潜力被更广泛地发掘，一些企业逐渐加快探索其在物联网、供应链、能源管理、医疗等实体经济领域的应用。例如，沃尔玛要求其绿叶蔬菜供应商采用基于区块链技术的跟踪系统，将产品从供应商到商品货架、最后到消费者的流通过程进行数字化追踪，将追溯信息数据化并记录到统一的存储平台，使产品从农场到门店的追溯过程从以往的几天甚至几星期缩短到了 2 秒。据有关报道，目前已有超过 6000 家沃尔玛商店的蔬菜采用区块链技术进行追踪。马士基与 IBM 联合构建了基于区块链的供应链平台 TradeLens，使用区块链技术在保证隐私和机密性的前提下，保证多个相关方可以实时访问航运数据和货运单据，帮助管理和追踪航运文件记录，提高航运的效率和安全性。目前该平台联盟生态已有超过 100 家合作伙伴，包括托运人、马士基、汉堡南美及 PIL 等航运公司，涉及荷兰、沙特阿拉伯、新加坡、澳大利亚和秘鲁等国海关，20 多个港口，以及多家货代、物流公司[1]。截至 2020 年 5 月，

TradeLens 平台已处理了超过 11 亿个航运事件、950 万个航运文件。

3.2　我国区块链应用发展情况

3.2.1　政策扶持

1．央地政府加大力度支持区块链技术和应用创新

伴随着区块链的蓬勃兴起，我国不断加大对区块链的支持引导力度，逐渐明确对区块链的定位。2016 年 12 月 27 日，国务院印发的《"十三五"国家信息化规划》首次将区块链纳入其中。2018 年 5 月 28 日，习近平总书记在中国科学院第十九次院士大会、中国工程院第十四次院士大会上的讲话中提到区块链技术，并将其定位为新一代信息技术。2019 年 10 月 24 日，习近平总书记在中央政治局第十八次集体学习时强调，要加快推动区块链技术和产业创新发展，积极推进区块链和经济社会融合发展。《中华人民共和国国民经济和社会发展第十四个五年规划和 2035 年远景目标纲要》中将区块链作为新兴数字产业之一，提出"以联盟链为重点发展区块链服务平台和金融科技、供应链金融、政务服务等领域应用方案"等要求。教育部于 2020 年 5 月出台《高等学校区块链技术创新行动计划》，明确了高校技术创新的若干重点任务。2021 年 6 月，工业和信息化部、中央网络安全和信息化委员会办公室联合发布《关于加快推动区块链技术应用和产业发展的指导意见》，其中提出了区块链赋能实体经济、提升公共服务、夯实产业基础、打造现代产业链、促进融通发展等方面的重点任务，为我国区块链技术应用和产业发展提供了全面、系统的指导。同时，各级地方政府积极推动区块链应用和产业发展，结合当地产业发展基础，制定出台政策措施。如表 3-2 所示，截至 2020 年年底，已有湖南省、贵州省、海南省、江苏省、北京市等十余个省（直辖市、自治区）出台区块链专项扶持政策。

表 3-2　我国区块链领域扶持性政策

政策措施名称	发布单位	发布时间
国家级政策		
关于加快推动区块链技术应用和产业发展的指导意见	工业和信息化部、中央网络安全和信息化委员会办公室	2021 年 6 月
高等学校区块链技术创新行动计划	教育部	2020 年 5 月

（续表）

政策措施名称	发布单位	发布时间
省级政策		
湖南省区块链产业发展三年行动计划（2020—2022 年）	湖南省工业和信息化厅	2020 年 4 月 26 日
关于加快区块链技术应用和产业发展的意见	贵州省人民政府	2020 年 5 月 8 日
海南省加快区块链产业发展若干政策措施	海南省工业和信息化厅	2020 年 5 月 9 日
关于加快推动区块链技术和产业创新发展的指导意见	江苏省人民政府办公厅	2020 年 6 月 16 日
北京市区块链创新发展行动计划（2020—2022 年）	北京市人民政府办公厅	2020 年 6 月 30 日
河北省区块链专项行动计划（2020—2022 年）	河北网信办	2020 年 7 月
广西壮族自治区区块链产业与应用发展指导意见	广西壮族自治区数字广西建设领导小组（代）	2020 年 7 月 28 日
广西壮族自治区区块链产业与应用发展规划（2020—2025 年）	广西壮族自治区数字广西建设领导小组（代）	2020 年 7 月 29 日
云南省区块链技术应用和产业发展的意见	云南省发展和改革委员会	2020 年 10 月 14 日
江苏省区块链产业发展行动计划	江苏省工业和信息化厅	2020 年 10 月 26 日
湖南省区块链发展总体规划（2020—2025 年）	湖南省人民政府办公厅	2020 年 10 月 27 日
浙江省区块链技术和产业发展规划（2020—2025）（征求意见稿）	浙江省网信办、浙江省发展改革委	2020 年 11 月
市级政策		
关于支持区块链发展和应用的若干政策措施（试行）	贵阳市人民政府办公厅	2017 年 6 月 7 日
长沙市人民政府办公厅关于加快区块链产业发展的意见	长沙市人民政府办公厅	2018 年 12 月 1 日
长沙市区块链产业发展三年（2020—2022 年）	长沙市发展和改革委员会	2020 年 5 月 15 日
宁波市加快区块链产业培育及创新应用三年行动计划（2020—2022 年）	宁波市特色型中国软件名城创建工作领导小组办公室	2020 年 5 月 26 日
广州市推动区块链产业创新发展的实施意见（2020—2022 年）	广州市工业和信息化局	2020 年 5 月 6 日
加快区块链技术应用发展的若干措施	泉州市人民政府办公室	2020 年 6 月 12 日
成都市区块链应用场景供给行动计划（2020—2022 年）	成都市新经济发展委员会	2020 年 10 月 29 日

2. 监管为行业营造理性发展空间

区块链由于其自身发展阶段及其他外部原因，技术和应用发展还面临诸多挑战。例如，全球范围内区块链项目良莠不齐，虚假项目、夸大宣传和概念炒作等现象层出不穷，严重影响了行业的良性发展，如何将区块链应用纳入有效监管已成为各国政府的共同关注点。2017 年 9 月 12 日，中国人民银行联合六部委发布了《关于防范代币发行融资风险的公告》，对引导区块链技术和应用步入理性发展轨道发挥了积极作用。2019 年 1 月，国家互联网信息办公室发布《区块链信息服务管理规定》，重点规范基于区块链技术或者系统，向社会公众提供信息服务的主体和活动，为管理区块链行业、保证区块链技术和应用规范化发展提供了有力依据。截至 2021 年 6 月底，国家互联网信息办公室已发布 5 批累计 1238 个境内区块链信息服务名称及备案编号。

3.2.2 行业应用实践

区块链应用已拓展到金融服务、智能制造、文化娱乐、公共服务、智慧城市等领域，覆盖场景包括供应链金融、产品溯源、数据共享、存证取证、电子票据等，应用的参与者包括政府机构、各种规模的企业及高校、研究机构等。

金融服务是区块链最早的应用领域之一，也是区块链应用数量最多、普及程度最高的领域之一。中国工商银行、中国银行、邮储银行、招商银行、中信银行、微众银行等金融机构，加快开展对区块链技术和应用的探索，在资金资产管理、存证取证、供应链金融等场景已有较多应用案例。区块链也成为法定数字货币的支持技术之一，中国人民银行数字人民币研发工作组在《中国数字人民币的研发进展白皮书》中指出，数字人民币通过加载不影响货币功能的智能合约实现可编程性。

供应链管理也是区块链应用探索较为集中的领域。供应链核心企业、商业银行、电商平台等相关力量不断加强区块链在供应链管理领域的应用探索，相关应用成果大量涌现。例如，在防伪溯源方面，国内的京东科技、蚂蚁集团等科技企业纷纷投入基于区块链的食品、药品防伪溯源应用，区块链正在成为食品、药品安全的有效保障手段。

公共服务是近年来区块链应用发展较为迅速的领域。基于区块链的政务数据共享、司法存证、电子票据、智慧城市、公共资源交易等应用层出不穷，通过发挥区块链在促进数据共享、优化业务流程、提升协同效率等方面的作用，促进公共服务创新升级，助力人民群众生活质量提升。例如，最高人民法院建设司法区块链统一平台，已建立 32 个节点，实现互联网 1265 万条和专网 4 亿多条数据上链；北京市经信局打造政务目录链，将全市 60 多个部门的政务数据目录打通。

3.3 区块链应用生态

3.3.1 区块链应用和产业生态相关研究

工业和信息化部信息中心发布的《2018 年中国区块链产业白皮书》[2]中给出了涵盖基础设施与平台、行业服务、产业应用三大模块的区块链产业生态地图。Syed 等[3]梳理了区块链生态系统中的主要技术和平台。Riasanow 等[4]提出了通用的区块链生态系统图，包括用户、平台提供方等 7 类相关方及相关方交互涉及的要素和服务，但该图更倾向于描述公有链的生态系统。Lopes 等[5]通过研究区块链应用项目，总结了以应用为核心的区块链项目生态系统，重点体现出金融科技、价值交换等 7 种常见的应用项目类型，但该生态图并未描述应用相关方及关键要素。张衍斌[6]以基于区块链的电子商务应用为例，细致研究了区块链对电子商务信息生态链的影响，以及该应用下的信息生态系统模型。蔡亮等[7]认为区块链产业生态包括底层平台、上层应用、技术研究、媒体及社区、投资等生态领域。林艳等[8]提出了区块链创业生态系统模型，将创业企业看作区块链创业生态系统的核心，其依托所在区域的政策环境、资金环境、市场环境、技术环境、服务环境和用户组织，开发和应用区块链技术或产品。《区块链 参考架构》团体标准[9]中给出了区块链系统的用户视图，将区块链相关方分为客户、提供方、关联方三大类角色下的 15 个子角色，并详细描述了这些子角色的区块链相关活动。

3.3.2 区块链应用生态系统模型

生态学理论目前已广泛应用到商业生态系统、产业生态系统、创新生态系统、信息生态系统等诸多领域[10-12]，以达到研究特定对象的运行机制、发展路径和发展评价等目的。李晓华等[11]从产业链的视角出发，将产业生态系统划分为创新生态系统、生产生态系统与应用生态系统 3 个子系统，其中对于应用生态系统的界定更多的是围绕产品的应用环节，包括用户、互补产品、竞争产品、分销渠道、售后服务、用户社区等。

对于区块链应用生态系统的研究目前尚未见报道，而对区块链应用的研究、规划、实施和监管等活动都需要对于区块链应用生态系统的整体把握。为此，本书提供了一个以区块链应用产品为核心的区块链应用生态系统模型，如图 3-1 所示。该模型综合考察区块链用户、技术提供方、应用运营方、监管方等相关方，在现有的政策、技术、基础设施等环境条件下，围绕区块链应用产品开展的规划、设计、开发、维护、推广、使用、治理、监管、审计等一系列活动及其产生的效应。

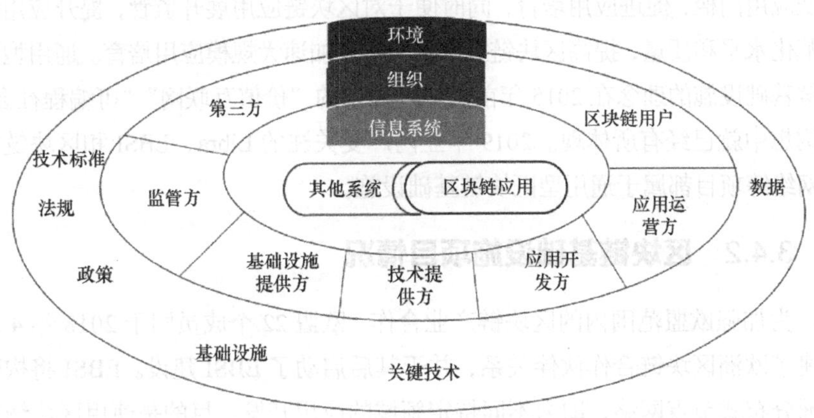

图 3-1　区块链应用生态系统模型组成部分

3.4　区块链基础设施发展现状与生态

3.4.1　区块链基础设施发展历程

《德国联邦政府的区块链战略》中将区块链定位为未来互联网的基石，也有专家提出区块链是价值互联网的基础设施。特别是 2019 年以来，区块链基础设施已成为全球区块链产业的关键词之一，反映出全球范围内对于区块链的探索进入规模化应用探索的关键阶段。

从基础设施的发展来看，早期的比特币网络和以太坊网络由公有链实现，节点基本上遍布全球，可以为应用开发者和用户提供必要的基础服务，具有基础设施的属性，但是应用模式和应用领域都受到限制。随着对区块链在各行各业应用探索的加速，特别是联盟链技术的发展，行业内也建设了很多企业级的区块链基础设施，如很多企业在内部搭建了 BaaS 平台，支撑其各类区块链应用。同时，也出现了一些区块链与其他基础设施融合的项目，如某新区将区块链融入数字城市基础设施的建设中，已实现票据、租赁等平台建设。

通用型区块链基础设施需要促进更大范围内的协作和资源整合，因此需要行业具备一定的基础。例如，区块链应用发展到一定程度，针对区块链的政策扶持在大范围内发挥作用，同时行业标准化和规范化也达到一定水平。目前，通用型区块链基础设施是行业发展的典型趋势之一，可以在较大区域范围内支撑多个行业领域的区块链应用，有效降低区块链应用的开发、部署和运维成本，降低应用门槛，促进应用培育，同时便于对区块链应用展开监管，提升应用的规范化水平和质量，提高区块链技术普及率，加速大规模应用培育。通用型区块链基础设施的理念在 2015 年前后业内提出的“价值互联网”“可编程社会”等构想中就已经有所体现。2019 年业内广受关注的 Libra、EBSI 和区块链服务网络等项目都属于通用型区块链基础设施。

3.4.2 区块链基础设施项目情况

为加强欧盟范围内的区块链产业合作，欧盟 22 个成员国于 2018 年 4 月创建了欧洲区块链合作伙伴关系，并于其后启动了 EBSI 建设。EBSI 将构建欧洲分布式节点网络，助力不同特定领域的应用开发，目的是使用区块链技术提供欧盟范围的跨境公共服务，计划成为连接欧洲基础设施（Connecting European Facility，CEF）中的重要组成部分，为欧盟机构和欧洲公共行政部门提供可复用的软件、服务及技术规范。在设施建设方面，欧洲级节点将由欧盟委员会运营，国家级节点将由各成员国运营，所有节点都拥有记账权。EBSI 平台中的节点架构分为应用层、核心服务层、互操作层、数据层及网络层，其中应用层包含通用功能模块和用例模块。2019—2020 年，EBSI 项目获得财政拨款 400 万欧元，2019 年建立了个人证书、欧洲自主身份、可信数据共享等方面的 4 个用例[13]。

在金融基础设施方面，2019 年 6 月，Facebook 的一家子公司发布了 Libra 白皮书，计划由 Libra 协会搭建联盟区块链，通过与一篮子法定货币挂钩，发行低波动性的加密货币。其中声称 Libra 是一套“简单的、无国界的货币和为数十亿人服务的金融基础设施”，并能实现“在全球范围内转移资金应该像发送短信或分享照片一样轻松、划算，甚至更安全”。由于当时的 Libra 项目并未充分考虑与各国监管框架的融合，因此在白皮书发布后的数月内经历了激烈的争论和质疑。美国国会多次召开针对 Libra 项目的听证会，

Libra 项目受到诸如监管套利、隐私保护、沦为经济犯罪工具的可能性等方面的质疑。Libra 项目在早期吸引了支付、社交媒体、投资等诸多领域的企业参与，Libra 协会的创始成员有 28 家。而在 2019 年 10 月前后，Visa、Paypal、Mastercard 等支付机构宣布退出 Libra 项目。2020 年 4 月 16 日，Libra 项目发布了 Libra 2.0 白皮书，其中在 Libra 的合规性设计方面做出了较大调整，计划推出锚定单一货币的稳定币，且每个单一货币的稳定币将有相应储备金的支持；同时仍保留发行具有“世界货币”野心的多货币稳定币（LBR）的计划，其将以“固定的权重来定义”，可以“作为一种高效的跨境结算货币”，也可以“供尚未在网络上建立单一货币稳定币的国家人民及企业使用”。2020 年 12 月，Libra 更名为 Diem，其定位为成为与法定货币形成补充的稳定币，将与美元、欧元等单一货币锚定，Diem 白皮书强调其不是独立的数字资产[14]。从 Libra 到 Libra 2.0，再到 Diem，这个项目从追求与监管完全脱离，到逐步向监管“妥协”，可以说是探索构建区块链基础设施路径的一次典型实践。

我国相关机构也在尝试构建区块链基础设施。国家信息中心、中国移动、中国银联等 6 家单位共同设计并建设的区块链服务网络于 2019 年 10 月发布，希望通过该项目改变目前联盟链采用的局域网架构的高成本问题，为开发者提供公共区块链资源环境。截至 2020 年 10 月，该项目已在全球建立了 120 余个公共城市节点。中国信息通信研究院联合企事业单位建立的“星火 · 链网”以工业互联网为主要场景，以网络标识为突破口，推动区块链应用发展。表 3-3 展示了国内外典型的区块链基础设施项目，可以看出起步较早的是欧盟，而目前我国的区块链基础设施则进展较快。

表 3-3　国内外典型的区块链基础设施项目

序号	名称	发起方	发起时间	面向领域
1	欧洲区块链服务基础设施（EBSI）	欧洲区块链合作伙伴关系（EBP）	2018 年 4 月	跨境公共服务
2	Diem（原 Libra 项目）	包括 Facebook 在内的 20 余家企业	2019 年 6 月	金融
3	区块链服务网络	国家信息中心、中国移动、中国银联等	2019 年 10 月	多行业应用
4	星火 · 链网	中国信息通信研究院、北京航空航天大学、北京邮电大学、中国联通等	2020 年 9 月	工业互联网

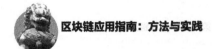

城市级区块链底层基础设施网络可对各类区块链应用提供便捷、优质的区块链开发部署及运营的公共资源环境，避免重复建设多个孤岛式的区块链局域网，降低区块链应用建链成本、技术门槛和监管难度，解决异构区块链底层系统“跨链”对接困难等问题。

如图 3-2 所示，某城市级区块链底层基础设施网络包括平台管理、区块链管理、资源管理等功能，可实现链内多方信息可信共享和多区块链系统的互联互通。城市级区块链底层基础设施网络允许基于多种区块链底层基础设施构建多样化的上层应用，其中每条链中的数据不但是被保护的，同时又能跨系统相互连接，横向打通多个区块链系统，实施多链互通，承载更广泛的各类应用。

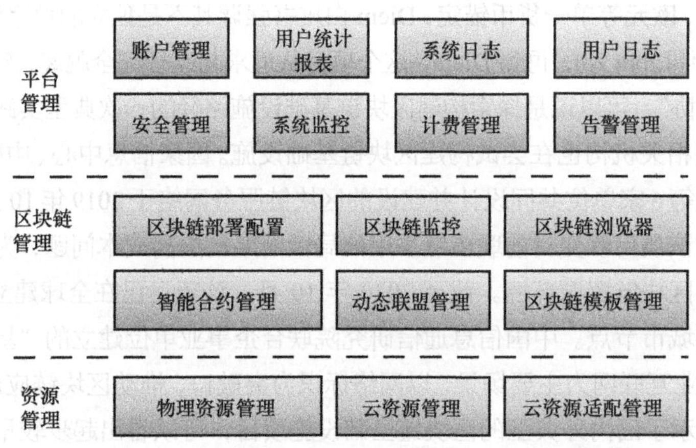

图 3-2　某城市级区块链底层基础设施网络架构

3.4.3　区块链基础设施发展生态

按照当前典型区块链基础设施发展情况来看，区块链基础设施发展生态如图 3-3 所示。

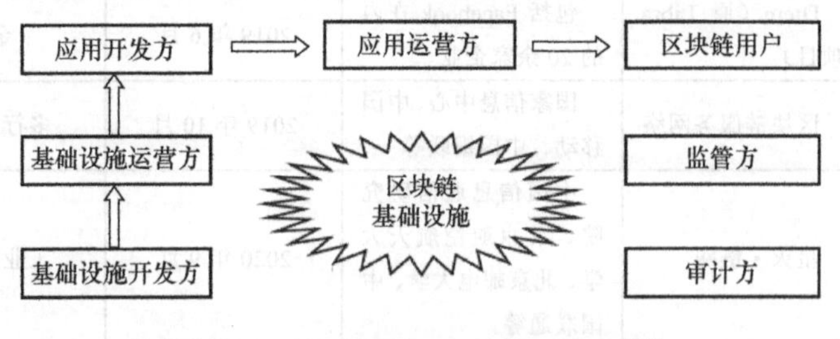

图 3-3　区块链基础设施发展生态[15]

其中，基础设施开发方是指设计、开发和维护区块链基础设施软硬件的相关方；基础设施运营方是指对于基础设施的资源和能力进行管理，以及对整个基础设施进行运维的相关方；应用开发方是指利用基础设施根据客户需求进行各类应用开发的相关方；应用运营方负责发布、管理搭建在区块链基础设施上的应用；区块链用户是指使用搭建在区块链基础设施上的应用的相关方；监管方负责对整个区块链基础设施系统实施监管；审计方则负责与运营方、监管方等共同确保区块链基础设施及应用的合规性。

3.5　区块链技术生态发展

3.5.1　技术生态概述

1．技术生态体系发展丰富

目前，区块链技术仍处于不断的发展演变中，各种共识机制、零知识证明、多重签名、跨链交易等新概念层出不穷，新技术迭代更新，对区块链的基础技术和理论的研究持续加快。2015 年后全球区块链领域的专利申请量开始快速增加，2016 年申请量为 1540 件，2017 年申请量达到 5118 件，2018 年、2019 年、2020 年的申请量分别高达 16397 件、19094 件和 21298 件。中国的区块链专利数量逐渐超越美国，并且不断保持快速增长趋势，在全球区块链专利占比中的份额逐步超过半数。但是在专利授权率方面，中国与美国还存在较大的差距。2017 年以来，区块链领域的学术论文大幅增多，反映出对区块链的基础技术和理论研究进一步加强。

2．技术生态参与方发展壮大

区块链技术最初诞生于技术极客圈，早期某些个人和群体的影响效应较为明显。例如，无论是比特币的发明人中本聪，还是发起以太坊项目的 Vitalik，都在相当大程度上决定着区块链技术的发展和方向。当时的区块链技术生态显得较为“小众”，其技术创新更多围绕解决加密货币的技术需求，包括构建在加密货币之上的某些小范围行业应用，参与者并不是那么广泛。直至区块链技术被视为一种可以广泛应用于各行各业的通用技术，区块链理论研究和技术创新的参与者才快速扩充，直至形成高校和科研院所聚焦理论研究和基础技术，企业聚焦系统工程技术和应用技术的更为丰富和层次化的技术生态格局。

3.5.2 开源社区发展情况

近年来，伴随着区块链技术和应用的发展，全球区块链开源社区发展迅速，已日益成为全球区块链技术创新的重要来源。同时，经过近几年的发展，我国开源社区建设也初有成效，在国内市场的影响力逐渐上升，为促进区块链技术创新，保障我国区块链应用发展提供了有力支撑。

1. 全球区块链开源社区发展情况

区块链开源社区是伴随着区块链概念的起源而诞生的，比特币作为区块链技术的第一个应用，同时也孕育了首个区块链开源社区。经过十余年的发展，目前国际上比较有影响力的区块链开源社区有 Hyperledger 和以太坊等。其中，Hyperledger 以联盟链开源项目为主，以太坊则是公有链的开源项目。

Hyperledger 是由 Linux 基金会于 2015 年发起的开源社区。截至 2019 年年底，Hyperledger 开源社区已有 275 个会员单位，14 个活跃的工作小组和特别兴趣小组，举行了分布在 75 个国家和地区的超过 175 个项交流会，参会总人数超过 6 万人次。Hyperledger 已培育出分布式账本框架、程序库和工具等类型的 15 个开源项目，其中，除了最早由 IBM 贡献的 Fabric 之外，还包括符合国密算法的 URSA、由华为贡献的区块链性能测试框架项目 CALIPER 等。此外，Hyperledger 还成立了中国技术工作组（Technical Working Group China，TWGC），由开发者和社区贡献者运营和维护，并推出了认证服务供应商计划。2019 年 4 月，福布斯发布了全球区块链 50 强榜单，其中 75%的企业都使用了超级账本技术。另外，全球主流云计算平台都支持基于 Fabric 的服务，包括亚马逊、谷歌、微软，阿里巴巴、腾讯、京东、百度、联想、金山。

以太坊项目由以太坊基金会于 2013 年启动，是最早支持智能合约的区块链开源项目，目前已有多种 DApp 在以太坊网络上运行。随着企业级市场对区块链技术的需求提升，2017 年以太坊企业联盟（Enterprise Ethereum Alliance，EEA）成立，初创成员为 30 家，目前已有超过 500 家机构加入。国外一家区块链企业于 2019 年 3 月发布的开发报告显示，近 10 年来，以太坊平均每月核心协议开发者有 99 人，每月应用开发人员有 216 人，累计提交核心协议代码 9727 次、项目级代码近 40000 次。与比特币等开源社区相比，以太坊是目前国际上最活跃的公有链开源社区。

2. 我国区块链开源社区发展情况

我国区块链开源社区相较于国际上起步较晚，近几年由于国内应用安全可控的需求，产业界对国内区块链开源社区的重视程度进一步提升。我国区块链开源社区的特征之一是多由具有一定发展基础的企业发起和推动运营，目前较具代表性的开源项目有 FISCO BCOS、智臻链（JD Chain）、超级链（XuperChain）等。

FISCO BCOS 是由微众银行主导开发建设的。目前，其开源生态圈已逐渐成型，应用加速涌现。截至 2020 年 12 月，FISCO BCOS 开源生态已汇聚了超过 2000 家企业机构，超过 40000 名开发者，已有超过 120 个应用在生产环境运营。支持的应用覆盖范围包括以支付、对账、交易清结算、供应链金融、数据存证、征信、场外市场等为代表的金融应用，以及司法仲裁、文化版权、娱乐游戏、社会管理、政务服务等其他行业应用。基于 FISCO BCOS 搭建的机构间对账平台交易数量达 1 亿笔以上，司法存证平台存证量达到 10 亿条以上。

智臻链（JD Chain）是京东科技自主研发的区块链底层引擎，于 2019 年 3 月对外开源并推出开源社区。JD Chain 已实现单链每秒 20000 笔交易的吞吐能力，单链可管理超过 10 亿个账户和千亿数量级的交易记录，全面支持国密算法，并首创可监管签名算法。JD Chain 已支持金融科技、司法存证、智慧医疗、供应链追溯、版权保护、数字营销等多领域场景应用。截至 2020 年 9 月，基于智臻链的防伪追溯平台已有 10 亿级的追溯数据落链，1000 余家合作品牌商，逾 750 万次售后用户访问查询。

超级链（XuperChain）是百度自主研发的区块链底层技术，于 2019 年 5 月正式开源，2020 年 9 月成为首个捐赠给开放原子开源基金会的项目。XuperChain 在架构上采用内核技术 XuperCore 独立发展，依托动态内核技术，实现广域场景适用。2020 年，XuperChain 项目累计代码提交 660 次，贡献者 37 人，全球开发者使用 10000 次以上，外部代码贡献率超过 20%，版本迭代 12 次，发布技术专利 425 项，社群人数达 10000 人。XuperChain 已经应用于司法、版权、边缘计算、数据协同、溯源、电子政务、智慧医疗等领域，已实现 20 多个领域的场景落地，为信浦存证平台、链上巨鹿政务服务、百度文库、百信银行、浦发银行、北京互联网法院等企业机构及平台提供了底层技术服务与区块链解决方案。

3. 全球区块链开源社区发展特点分析

（1）开源生态逐渐丰富发展。近年来，区块链开源社区参与者数量快速增长，参与者的角色也在丰富。除开发者外，开源社区中出现了基于平台产品进行各种商业应用场景落地的参与者，包括投资人、集成商、应用开发者和第三方安全审计公司等，推动围绕区块链应用的生态逐步繁荣。

（2）对应用的支撑效应更加凸显。早期的区块链开源社区主要以支撑加密货币及相关应用为目的，以 Hyperledger 为代表的侧重联盟链的开源社区的发展，在更大范围内支撑了企业级区块链应用的开发和探索。目前，基于开源社区的应用已经渗透到金融科技、司法存证、智慧医疗、防伪追溯、版权保护、数据共享开发等多个应用领域，支撑了一批典型行业应用。

4. 我国区块链开源社区面临的问题

（1）国内开发者对开源技术贡献不足，开源技术创新文化缺失。从整体上看，国际上的区块链开源项目仍然由国外开发者主导，且涉及性能、安全、跨链的技术创新方案多来自国外，我国难以把控技术发展方向。据有关统计，截至 2019 年年底，我国开发者对于国际知名区块链开源项目的贡献度较低，相比于比特币和以太坊，对 Fabric 项目的参与程度略高，但也只有 5.1%的提交代码量占比。同时，国内区块链开源社区也面临开源贡献不足的难题，很多开源项目主要依赖发起企业进行维护和贡献，亟待激活开源技术创新力。

（2）国际市场影响力偏低，国内市场面临国外主流开源项目竞争。由于先发优势明显等原因，全球区块链开源底层平台应用市场已基本被以太坊、Hyperledger、R3 等开源社区“瓜分”，对于后起的中国区块链开源社区来说，国际市场进入门槛较大。同时，以 Hyperledger 为代表的国外区块链开源社区也孵化了支持国密算法的 Ursa 项目，并且，Hyperledger 于 2020 年 6 月 16 日发布的消息称将组织开展 Fabric 项目的国密化工作，体现出国外区块链开源社区正在对我国市场加快布局。

（3）国内开源社区的运营模式和商业模式尚不明晰，尚未形成良好的开源生态。国际上区块链开源社区多由专门的基金会进行投入和运营，如 Hyperledger 由 Linux 基金会发起和支持，以太坊开源社区由以太坊基金会支持。这些基金会可能通过社会捐助或其他投资收入维持开源社区的运营，并且已形成成熟的运营模式和良好的开源技术生态。而目前国内开源社区多数由一家或几家企业发起和进行后续的维护工作，这种模式给企业本身带来很大的负担，也难以形成依靠开源生态本身发展的长效机制。

参考文献

[1] Tradlends Solution Brief (Edition Two) [EB/OL]. [2020-04-15]. https://tradelens-web-assets.s3.us.cloud-object-storage.appdomain.cloud/TradeLens-Solution-Brief-Edition-Two.pdf.

[2] 工业和信息化部信息中心. 2018 年中国区块链产业白皮书[EB/OL]. [2018-05-20]. https://www.miit.gov.cn/n1146290/n1146402/n1146445/c6180238/part/6180297.pdf.

[3] SYED T A, ALZAHRANI A, JAN S, et al. A Comparative Analysis of Blockchain Architecture and Its Applications: Problems and Recommendations[J]. IEEE Access, 2019(7):1-32.

[4] RIASANOW T, BURCKHARDT F, SETZKE D S, et al. The Generic Blockchain Ecosystem and its Strategic Implications[C]//24th Americas Conference on Information Systems (AMCIS), 2018: 1-10.

[5] LOPES J, PEREIRA J L M. Blockchain Projects Ecosystem: A Review of Current Technical and Legal Challenges[C]// World Conference on Information Systems and Technologies 2019 (WorldCIST'19). Springer, 2019: 83-92.

[6] 张衍斌. 基于区块链的电子商务信息生态系统模型研究[J]. 图书馆学研究, 2018(6): 33-44.

[7] 蔡亮，李启雷，梁秀波. 区块链技术进阶与实战[M]. 北京：人民邮电出版社, 2018.

[8] 林艳，张晴晴，王珊珊. 区块链创业生态系统运行效果评价[J]. 统计与决策, 2019, 35(22): 37-41.

[9] 中国区块链技术和产业发展论坛. 区块链 参考架构：CBD-Forum-001-2017: 2017[S/OL]. [2020-05-15]. http://www.cbdforum.cn/bcweb/resources/upload/ueditor/jsp/upload/file/20201217/1608188444336059074.pdf.

[10] LETAIFA S B, GRATACAP A, ISCKIA T. Understanding business ecosystems: how firms succeed in the new world of convergence ?[M]. De Boeck, 2013.

[11] 李晓华, 刘峰. 产业生态系统与战略性新兴产业发展[J]. 中国工业经济, 2013(3): 20-32.

[12] SZONIECKY S. Ecosystems Knowledge: Modeling and Analysis Method for Information and Communication[M]. Wiley-ISTE, 2018.

[13] Introducing the European Blockchain Services Infrastructure (EBSI)[EB/OL]. [2020-04-29]. https://ec.europa.eu/cefdigital/wiki/display/CEFDIGITAL/ebsi.

[14] Diem White Paper[EB/OL]. [2021-02-21]. https://www.diem.com/en-us/white-paper/#cover-letter.

[15] 中国区块链技术和产业发展论坛.中国区块链技术和应用发展研究报告(2018)[EB/OL]. [2018-12-18]. http://www.cesi.cn/images/editor/20181218/20181218113202358.pdf.

第三部分 应用方法与实践篇

区块链技术的发展，以及与其他技术的结合，促使区块链应用在纵向和横向上不断扩展。在纵向领域，体现在区块链基础设施、通用技术、核心技术、隐私安全等方面的深入应用。在横向领域，除了在起源的数字货币和金融领域的应用外，区块链还与物流、政务服务、文化教育、民生等领域进行了有价值的整合，积累了丰富的应用实践经验，形成了数字经济时代的“区块链+”模式。

第4章 区块链应用实施路线

4.1 区块链应用全景概览

早期的区块链技术主要应用在基于公有链的加密货币领域，随着 2015 年联盟链的兴起，区块链技术的应用逐渐转向社会经济的众多领域，并且开始尝试较大规模的应用[1]。在区块链技术的发展过程中，公有链在性能、隐私安全等技术方面还不能满足大规模商用的要求，相对而言联盟链在技术层面上更加成熟，应用落地更加务实。现在，区块链技术与其他技术相结合，利用数据强大的生产力和内在价值，构建起数字化信息系统的基础设施，更有效地促进了数字经济与数字社会的发展[2]。

2019 年以后，国际上的区块链应用主要包括区块链基础设施、隐私与安全、科学研究、计算与数据存储、身份标识、金融行业、供应链与物流、商业与零售、社交与沟通、信息技术行业、商业服务与咨询、房地产行业、资产管理、医药与健康产业、娱乐与教育、能源与设施、交通、旅游等。国内区块链应用已在金融、供应链、政务、农业、能源等多个垂直行业落地。

区块链技术使得在数字世界里对数据进行增信和可追溯成为可能，大大地推动了数字世界的发展，其与产业应用相结合，构建了众多的应用模式。

（1）底层技术及基础设施：基于区块链的基础协议及与区块链技术相结合的硬件开发。

（2）通用应用及技术扩展：基于区块链技术，开发通用型应用，并在此基础上进行扩展，包括但不限于联合计算、跨链应用、智能合约、信息安全、隐私保护、区块链即服务（BaaS）、存证等。

（3）区块链行业应用：当前阶段区块链技术已与众多行业进行结合，为各行各业提供了克服行业痛点的技术支持，如金融、物流、能源、公益、农业、医疗、文娱、知识产权、旅游、房地产、制造业、政务、审计、法律等。

（4）周边服务：区块链技术与周边服务结合，进行社区服务和开发者工具构建。

4.2 区块链核心应用价值

区块链能够较好地实现多方协作，低成本地快速建立信任关系，在各行各业具有极大的应用价值。由于其能够有效解决数据可信、资产可信、合作可信等信任问题，因此对于数据和交易在金融、政务、工业、农业等多个领域的安全可控具有重要意义[3,4]。

数据可信主要指数据的安全存储与计算。区块链具备的分布式账本、数据可追溯、防篡改、智能合约自动执行等技术特点，保证了可信的数据存储和计算，使其在数据存证与溯源、审计监管等领域的应用有着天然的契合度。

智能合约是指基于预定事件触发、防篡改、自动执行的计算机程序。因此，通过智能合约支持主体间交易规则的自动执行，就能很好地解决多主体协同时的信任问题，使主体间的协作可信。

通过区块链解决企业间信任问题，能很好地推动产业上下游生态、跨产业生态的互联；智能合约支持业务数字化，构建数字化资产，使数字资产在生态里流通，从而创造数字生态价值。

区块链是建立信任的工具，以其防篡改、易追溯、去中心或多中心的特性，保证了数据的真实性和可追责性，减少了审计流程，降低了外部监管成本。基于此我们提出区块链核心应用价值框架，如图 4-1 所示。

从区块链数据层面来看，块链式的数据存储结构保证了数据可被验证，共识机制保证了多节点数据的一致性，密码学保证了节点之间数据的传输和访问安全[5]，代码组成的智能合约实现了自动化运行规则和数据，有效地防止了数据被篡改，并可对基于数据的应用过程进行完整的溯源；从区块链 IT 架构层面来看，多个节点共同维护同一个账本，并能在多方共识的基础上保持数据一致，实现了多中心或去中心、公开透明、防篡改、可追溯的特征；从区块链应用层面来看，区块链能在数据上进行多方验证并防篡改，保证了数据可信、交易可信、资产可信，并能通过自动化执行的智能合约，使服务可信，基于区块链建立起来的可信数字化社会信用体系，具有了低成本信任基础，使商业中多方协作、合作更加可信。

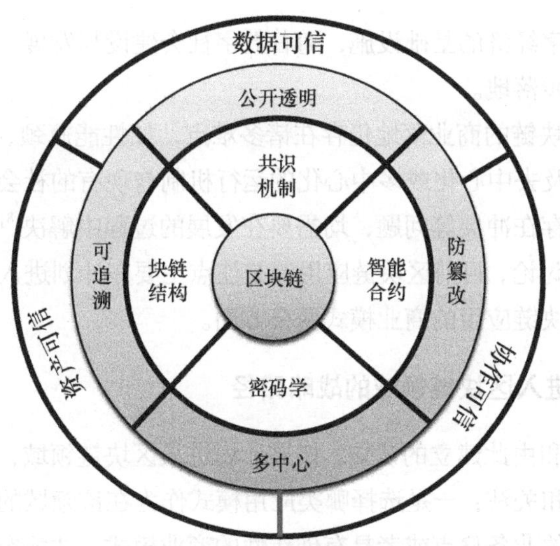

图 4-1　区块链核心应用价值框架

4.3　区块链应用关注点

区块链应用要发挥其战略价值，必须要能充分认知区块链的核心应用价值，并且能够提供商业上切实可行的、可以大规模应用的解决方案。近几年来，区块链技术通过与产业应用相结合，在政务、民生、商业 3 个方面都产生了大量的创新应用模式。

在金融行业，对真实性、安全和效率的要求很高，区块链的核心应用价值，即数据可信、资产可信、协作可信，天然契合金融行业的要求[6]。在金融行业提供的各业务环节中，存在着信任问题、效率问题、违约风险等业务痛点，区块链与其痛点的匹配度较高，可以为其系统性地解决这些业务痛点，并且区块链的"防篡改、可追溯、公开透明"等属性，在金融行业更易产生价值。例如，在银行业，长期以来跨境支付就是困扰银行业的一个痛点问题，而区块链去中介化、防篡改、交易可追溯、交易公开透明的特点，可以免除第三方中间机构的加入，缩短跨境支付周期，降低费用，同时提高交易透明度。

在其他领域，区块链也得到了大量的应用。例如，在供应链领域及知识产权领域，利用区块链进行资产数字化，解决了数据所有权权属问题及数据所有权的确权问题，从而使数字化资产能够被管理、交易、转移[7]。因此，

区块链成为数字经济的基础设施，随着数字社会建设与发展，区块链应用正在各个领域逐步落地。

当然，区块链的商业落地仍存在诸多难点，如性能瓶颈、安全性问题、监管问题，以及去中心化或多中心化的运行机制与现有的社会结构、监管体制、商业运营存在冲突等问题，均需要在发展的过程中解决[8]。

基于以上讨论，目前区块链应用的关注点主要在计划进入区块链领域的战略路径及区块链应用的商业模式两个方面。

1．计划进入区块链领域的战略路径

基于调研和由此建立的认知，如果计划进入区块链领域，主要有两部分抉择需要思考和关注：一是选择哪类应用模式作为在该领域的竞争赛道，只有先找到真正的业务痛点或者具有创新性的商业模式，才能突破认知障碍，从商业价值、社会价值的层面来精确分析区块链应用的可行性和社会效益、商业效益；二是根据自身市场定位、社会定位来优化自己的区块链战略，强化自己选择的竞争赛道。

2．区块链应用的商业模式

一个是原生型的区块链应用模式：直接基于去中心化的区块链技术，实现价值传递和交易等，如数字货币；另一个是“区块链+”模式：基于区块链“防篡改、可追溯、公开透明”等属性，将区块链与传统的业务场景相结合，以提高效率、降低成本、解决业务痛点问题。区块链的这些特征，使其可以在不通过第三方的情况下验证信息、交换价值。而具体到区块链技术实现的基本功能，就是存证溯源和资产交易。区块链并非可以满足所有的应用场景的需求，对于特定的情况，该如何判断所选择的应用场景和商业需求是否适合应用区块链，可以参考 4.5 节“区块链应用场景选择方法”。

4.4 区块链应用实施路径

区块链应用实施路径主要包括区块链应用场景选择原则、区块链技术选择原则、区块链应用实施关键过程和区块链应用系统评估。

1．区块链应用场景选择原则

区块链应用是有其适用的特定应用场景和商业需求的，而这些应用场景

一般是由以下 5 个方面的诉求驱动的。

（1）社会治理：通过应用区块链技术，为社会提供透明、高效的政府职能服务。

（2）用户驱动：用户对隐私保护、社会价值等方面的要求不断提升，促使企业利用区块链技术，提升用户的满意度。

（3）创新驱动：利用区块链构建业务的创新应用，建立起可以依托的生态系统，从而获得竞争优势。

（4）管理驱动：企业出于提高效率、降低成本等方面的考虑，通过应用区块链技术带来业务流程优化，减少商业摩擦。

（5）科研驱动：基于对新技术、新商业模式、社会效益等方面的探索，对区块链进行科学研究与应用试验。

2. 区块链技术选择原则

区块链技术选择原则主要考虑区块链技术的以下环节是否符合各自适用的业务的要求。

（1）共识机制：会影响交易性能、拜占庭容错能力等，这是区块链构成信任的基石。

（2）性能要求：要符合业务发展的预期。

（3）安全要求：主要关注数据是否被保护、权限控制是否健全、区块链网络是否稳定。

（4）智能合约的适用度：智能合约支持的语言应用广泛、功能强大，会更加易于推广和维护。

（5）是否开源：开源区块链更易于维护和应用，可以方便第三方的检验。

（6）节点选择：需要考虑区块链网络准备构架多少个节点，谁来给节点背书。

3. 区块链应用实施关键过程

区块链应用实施关键过程如图 4-2 所示。

（1）定义区块链网络和共识机制：由不同的利益主体管理不同的区块链网络节点，组成联盟组织，基于特定的共识机制共同治理区块链网络和商业合作。

（2）数据采集：各协作方根据各自的身份和权限，通过应用系统或者终端设备为区块链网络提供数据。

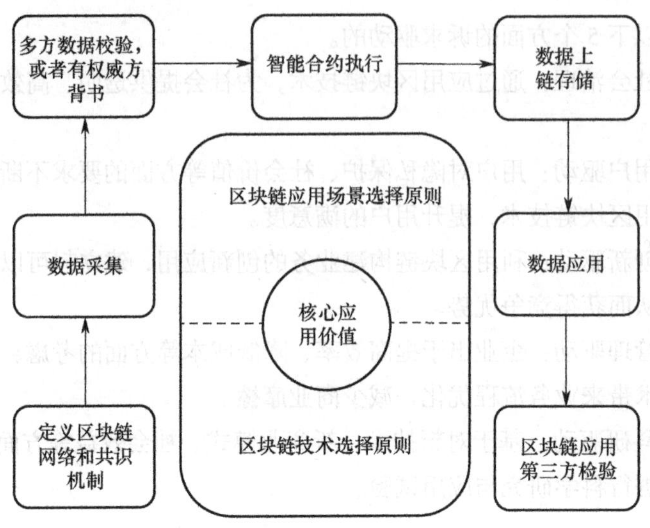

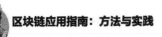

图 4-2　区块链应用实施关键过程

（3）多方数据校验，或者有权威方背书：当某笔交易发起时，可以根据验证规则通过多方数据交叉验证，或者权威方背书，来保证数据的真实性。

（4）智能合约执行：调用智能合约，智能合约根据共同约定的规则或共识，处理业务逻辑及进行数据计算。

（5）数据上链存储：数据写入账本，产生数字资产或者数据存证。

（6）数据应用：调用区块链应用链上的数据。

（7）区块链应用第三方检验。

4. 区块链应用系统评估

从应用实施的视角来看，区块链应用系统评估的关键点包括：

（1）对系统合规程度的评估，关注的是系统应符合国家现有的法律框架要求。

（2）对系统可监管性的评估，关注的是系统应符合国家对于监管的要求。

（3）对系统服务的完备程度评估，关注的是系统应具备服务的完备性、正确性。

（4）对系统可用性的评估，关注的是系统与技术的成熟性、容错性和恢复性。

（5）对系统易用性的评估，关注的是系统接口与智能合约的开发易用性。

（6）对系统可移植性的评估，关注的是系统的可替代性、数据迁移的可操作性。

（7）对系统安全性的评估，关注的是系统的网络安全和数据安全，特别是在多主体参与、系统部署复杂时的网络安全和链上数据的安全性。

4.5 区块链应用场景选择方法

区块链不可能满足所有的应用场景的需求，所以要理性识别区块链真正的应用需求，避免为了应用区块链而做区块链应用实施。如何在繁多的应用场景和业务诉求中选出真正的应用需求，如何判断所选择的应用场景和商业需求是否适合，是区块链应用发展和应用实施的关键问题。区块链应用场景选择需要准确认知区块链的技术特征和核心应用价值，结合自身定位和市场需求等因素，着重分析应用区块链能够解决的业务痛点问题或者将要实现的业务诉求，以判断是否采用区块链及选择哪些应用场景[9]。

基于区块链核心应用价值研究和行业发展综合分析，《中国区块链技术和应用发展研究报告（2018）》提出了“区块链应用场景选择方法论”，以业务痛点或者创新需求为出发点，分 4 步逐步判断应用区块链解决具体业务需求的可行性和必要性，具体包括：识别分析（对业务痛点或者创新需求的识别和原因分析）、归纳总结（应用需求的原因分析总结），匹配映射（分析归因与区块链价值的匹配映射）及决策总结（区块链适用度的决策总结）。区块链应用场景选择方法论过程示意如图 4-3 所示。

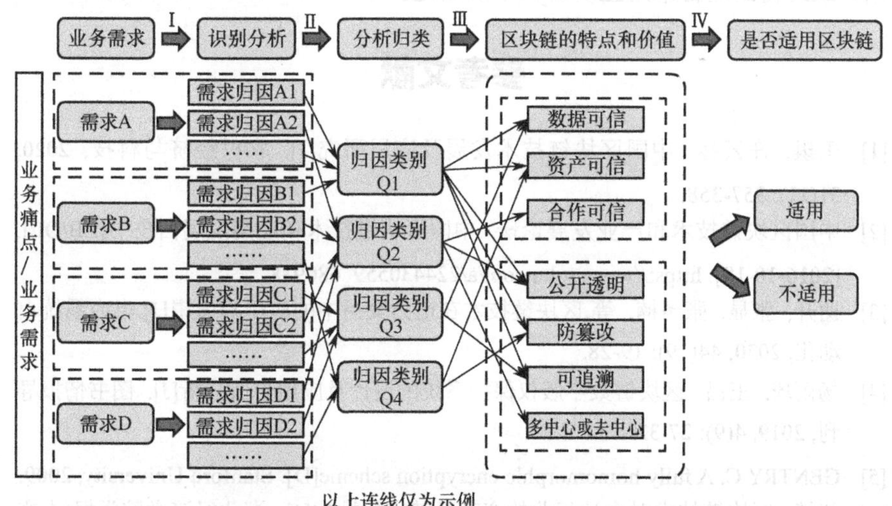

图 4-3 区块链应用场景选择方法论过程示意

第Ⅰ步：识别分析——对业务痛点或者创新需求的识别和原因分析

区块链应用场景选择首先需要对应用需求（例如，解决业务痛点问题或应用创新需要）有清晰的认识，可以通过知识图谱的方式来分解应用需求，逐个梳理和分析该应用场景下的业务痛点及相应原因，并将应用需求与需求归因对应。这样做可以帮助清晰地认知应用需求，清楚地分析和判断区块链技术可以带来哪些价值，以及这些价值是如何实现的。

第Ⅱ步：归纳总结——应用需求的原因分析总结

实际应用场景中，不同的应用需求可能是由共同的内因延展出来的，因此第Ⅱ步需要对第Ⅰ步输出的应用需求的归因分析结果明细进行归纳总结，得到这些应用需求的内因。该内因就是需要解决的业务痛点产生的真实原因，或者创新需求内在驱动的动能。

第Ⅲ步：匹配映射——分析归因与区块链价值的匹配映射

第Ⅱ步输出了业务痛点产生的真实原因，或者创新需求内在驱动的动能，匹配映射是将归纳总结出来的内因与区块链应用价值对应，以分析区块链是否有助于解决内在原因。重点分析归因类别与区块链架构、应用两个层次的应用价值的匹配程度，将区块链技术可以解决或部分解决的内因，与区块链架构、应用两个层次的应用价值一一匹配映射。

第Ⅳ步：决策总结——区块链适用度的决策总结

在第Ⅲ步得到的匹配映射的基础上，对应用区块链的适用度进行决策总结，最终得出是否采用区块链技术的结论。

参考文献

[1] 王琪，许云林．中国区块链技术发展及应用研究[J]．农村经济与科技，2020, 31(11): 357-358.

[2] 中国区块链技术和产业发展论坛．中国区块链技术和应用发展白皮书[EB/OL]. [2016-10-18]. https://www.sohu.com/a/224430559_680938.

[3] 谢开，张显，张圣楠，等.区块链技术在电力交易中的应用与展望[J].电力系统自动化, 2020, 44(19): 19-28.

[4] 杨雨琦，王昌．区块链数字版权保护系统的设计及应用价值分析[J]．图书情报导刊, 2019, 4(9): 27-32.

[5] GENTRY C. A fully homomorphic encryption scheme[D]. Stanford University, 2009.

[6] 胡婧．区块链技术对会计行业的变革及其应用挑战[J]．湖北经济学院学报(人文

社会科学版), 2020, 17(8): 70-73.

[7] 苑喆. 广电行业版权区块链应用浅析[J]. 广播电视网络, 2020, 27(7): 86-89.

[8] 王玮. 区块链的意义与数字货币应用中的难点思考[J]. 财富时代，2019(11): 10-11.

[9] 人民网区块链研究院. 区块链应用蓝皮书：中国区块链应用发展研究报告（2019）[J]. 企业观察家, 2019(11): 124-125.

第5章 区块链与金融服务

5.1 应用价值

在金融领域，区块链能够促进数据共享、优化业务流程、降低运营成本、提升协同效率、建设可信体系等[1]。通过区块链和实体经济深度融合，可有效解决中小企业贷款融资难、银行风控难、部门监管难等问题，有效提升金融领域服务实体经济的能力。

5.1.1 升级金融模式

从金融服务业整体发展趋势来看，金融服务能力已不能满足高标准的产业所需，金融业亟须科技化升级来提升实体经济服务能力，而区块链可以在其中发挥关键性作用。一方面，通过区块链与多方安全计算、物联网、人工智能等技术融合，可更好地促进数据共享，进而实现算法模型的强化，加速智能金融落地。另一方面，通过多方组网联盟链，可以改善传统金融之间协作成本高、效率低的问题。无论是金融基础设施升级建设，还是业务层面的创新与改造，区块链都可以作为关键或核心技术参与其中。

区块链与金融有着天然紧密的联系，特别是针对与资产相关的“账本类数据”具有突出价值。通过分布式共识机制形成可信共享的公开账本，区块链可以实现不依赖单个中心化机构进行管理维护，并且能够保障其所记录和存储的数据是透明可信、难以篡改的。

近年来，金融机构、金融科技公司、技术服务商在区块链领域呈现融合态势。其中，技术服务商正在努力补齐金融业务能力的短板，为金融机构提供从单一技术到整体业务方案的升级服务；金融科技公司正在加强区块链核

心技术的研发，同时积极申请金融牌照，在金融业务与技术两方面发力；而金融机构正加大区块链技术投入，少数头部金融机构已经开展了面向同业的技术输出服务。此外，对于诸如供应链金融、ABS 等需要通过多个参与方进行业务协作及资源整合的业务平台，实现了业务生态深层次融合。

5.1.2 变革金融业态

传统金融模式存在很多效率问题，且容易形成数据孤岛，这不仅会对行业本身的发展产生制约，也会对其他相关行业造成一定影响[2]。区块链技术在金融领域具有巨大的改造力，突出表现在跨境支付、供应链金融、保险及征信等领域。

1. 金融产业痛点

当前金融产业的各分支均面临亟待解决的痛点问题。跨境支付行业面临需要提高支付效率和安全性带来的核心挑战，同时跨境贸易活动中的电子票据电子化建设也存在流转不便、中介风险等问题；供应链行业中信息不透明、不流通，供应链各个参与主体只对自己有直接联系的上下游企业有了解，融资过程耗时耗力，造成很多不必要的资源浪费；保险行业数据孤岛的问题较为严重，保险数据面临着广泛性不足、精细化程度不高、更新及时性不强等诸多问题，导致保险难以通过数据挖掘进行创新，且不利于全面监督和管理；征信业存在征信数据源头采集割裂、强相关数据缺失、隐私保护不足、法律保障体系不完善及数据孤岛现象严重等痛点问题。

2. 区块链改造力

在跨境支付方面，由于区块链的“交易即结算”的特性，基于区块链的支付清结算网络将具有更高的运转效率，能够帮助监管层实现更优的监管效力。一方面，利用区块链建立高效的数字资产流转体系，可以提升票据的运转效率和流动性，实现透明化运作，从而打击灰色中介的欺诈行为，解决纸质票据“一票多卖”的问题。另一方面，利用区块链技术的账本强一致性、实时同步、防篡改等特性，将信用证各参与方作为节点接入区块链网络，可以建立基于区块链技术的信用证信息和贸易单据电子化传输体系，缩短票据、信用证的在途时间，加快资金周转速度。

在供应链金融方面，区块链技术可以解决供应链多方主体信息不对称，执行流程复杂且效率低等方面的问题。利用区块链数据透明、难以篡改的特性，可以更好地实现贸易信息可信存储，降低金融机构对贸易真实性调查的成本。智能合约自动化结算可以减少供应链金融中的操作风险。基于区块链高效权益流转系统，可以创造出基于核心企业信用的、能够在供应链体系内多级供应商与经销商之间流转的“信用凭证”，提高资金流转效率，降低单个企业的融资成本。

在保险方面，基于区块链的可信存证系统及自动执行智能合约，可以增强用户信任，创建多方维护的共享透明账本，加强保险数据整合分析，提高保险机构间，尤其是直保公司与再保险公司之间的协作效率[3]。且区块链+可信计算的融合方案，能实现在不得到隐私数据的情况下完成数据的运算和检验，为直保公司之间的数据共享提供新的思路和可能性。区块链还能够在农业险、自然灾害险等领域，对动植物的动态生长信息、气候地理等动态变化信息提供可信记录及追溯的能力。

在征信方面，区块链与征信业结合的改造力主要体现在可以基于区块链技术构建真正独立、可信赖的第三方数据交易平台，进而解决数据孤岛问题[4]。征信机构通过区块链平台交换或共享征信数据和征信结果等信息，能够在一定程度上提升数据交易的可信性。

5.2 应用态势

5.2.1 国内应用态势

近年来，中国工商银行、中国银行、交通银行、中国邮政储蓄银行、招商银行、中信银行、微众银行、平安银行、民生银行、兴业银行等纷纷开展区块链技术和应用的探索，在防金融欺诈、资产托管、交易金融审计、跨境支付、对账与清结算、供应链金融及保险理赔等方面已取得实质性应用成果，一定程度上推动解决了此前金融服务中存在的信用校验复杂、成本高、流程长、数据传输误差大等难题。

目前，金融服务领域已有一些典型案例，中国人民银行推动的基于区块链的数字票据交易平台测试成功。中国人民银行旗下的数字货币研究所已经在 2017 年 7 月正式挂牌。2016 年 9 月 23 日，IBM 与中国银联预演“使用区块链技术的跨行积分兑换系统”，该系统允许跨行、跨平台兑换奖励积分，消费者在一家银行的积分，可以兑换其他银行的积分奖励，甚至兑换多个航空公司里程及超市奖励，大幅提高了银行积分的使用效率。

5.2.2 国际应用态势

1. 美洲

美国的金融机构中有超过 5900 家银行和 5800 家信用合作社，这些大型的金融机构都在致力于区块链领域的研究和产品的研发。

美国摩根大通银行参与区块链主要有开发技术平台、与区块链初创公司合作、投资区块链公司等方式。摩根大通构建了基于以太坊的区块链平台，命名为 Quorum，且在此基础上又推出了银行间信息网络平台（Interbank Information Network，INN）[6]，旨在利用区块链技术解决全球支付的问题。加拿大皇家银行、澳大利亚 ANZ 银行、新西兰银行、法国兴业银行等 75 家银行已参与测试。

花旗银行联合纳斯达克开发的区块链全球支付解决方案，被视为区块链商业应用的里程碑。花旗银行和巴克莱银行宣布参与 IBM 旗下区块链应用 LedgerConnect 的试运行。该应用程序旨在为银行提供一个平台，以处理 AML/KYC 合规性及贷款抵押品管理问题。其中，AML 英文全称为 Anti-Money Laundering，指反洗钱；KYC 英文全称为 Know Your Customer，指的是交易平台获取客户相关识别信息的过程。花旗银行还开发了一种称为数字资产收据（Digital Asset Receipt，DAP）的工具，工作方式类似于美国托管收据（Depository Receipts，ADR）。

美国银行是美国的第二大银行，是目前美国所有银行中区块链相关专利的最大持有者。截至 2020 年年底，美国银行在区块链领域申请专利数为 2668 件。美国银行希望使用专有链来存储传送给服务供应商的各种类型的记录。这意味着所有记录将存储在单一数字账本中，企业和服务供应商将根据需要访问这些记录，系统会记录每一个数据访问者的信息。

纳斯达克通过与区块链初创企业 Chain.com 合作，上线了用于私有股权交易的 Nasdaq Linq 平台。此前未上市公司的股权融资和转手交易需要大量手工作业和基于纸张的工作，需要通过人工处理纸质股票凭证、期权发放和可换票据，需要律师手动验证电子表格等，这可能会造成很多的人为错误，又难以留下审计痕迹。通过 Nasdaq Linq 私募的股票发行者享有数字化所有权，同时 Nasdaq Linq 能够极大地缩减结算时间。Chain.com 指出：现在的股权交易市场标准结算时间为 3 天，区块链技术的应用能将效率提升到 10 分钟，这能让结算风险降低 99%，从而有效降低资金成本和系统性风险。并且交易双方在线完成发行和申购材料也能有效简化多余的文字工作，发行者因繁重的审批流程所面临的行政风险和负担也将大为减小。

Overstock 公司创建了 T0 区块链交易平台，证券无须通过纳斯达克等传统交易平台就可直接在区块链上完成交易。在传统股票交易市场，市场上的结算机制 T+1 是当天买入，一日后才可以卖出变现，其中支付和证券的交易需要一整天的时间才能够解决。而有了区块链，结算可以在瞬时完成，T0 被评述为“交易即是结算”，即结算与交易是发生在同一时间的。2015 年 12 月，美国证券交易委员会（SEC）已批准 Overstock 公司通过区块链技术构建的 T0 平台发行股票。

2. 欧洲

英国政府早在 2016 年就发布了区块链报告《分布式账本技术：超越区块链》，这是全球首次由政府发布的区块链研究报告，也印证了英国政府对区块链技术的重视。在金融领域，英国使用区块链技术进行了一系列的尝试：英国银行开展了 PoC 计划，检验区块链技术在实时结算（Real Time Gross Settlement，RTGS）功能中的潜力；英国五大基金运营商使用区块链技术节约交易系统产生的运营成本；英国政府就业及退休金部门基于区块链技术研发福利支付系统。法国在区块链金融应用方面也有一定的研究。巴黎银行和安永会计师事务所完成了一项实验，探索私有区块链技术能否帮助改善银行的全球内部资金业务，测试证明私有区块链有助于提高运营效率，不仅提供了更综合的现金管理方法，还增强了资金服务的灵活性和服务能力。西班牙银行巨头西班牙毕尔巴鄂比斯开银行（BBVA）完成了一次试点，利用两项不同的区块链技术发放了 7500 万欧元（约 9100 万美元）的企业贷款。瑞士积极开展基于区块链技术的数字钱包支付项目、基于区块链技术的即时结算和交易技术开发项目。瑞典央行与 IOTA 合作计划推出国家数字货币 E-Krona，主要用于消费者、企业和政府机构之间的小额交易。

3. 亚洲

新加坡区块链的金融应用种类繁多，在支付、资产交换、个人金融等领域都有涉足。新加坡金融管理局于 2016 年引入了 Ubin 项目，旨在利用区块链技术进行银行间支付，目前已实现与加拿大央行的 Jasper 项目的成功连接，完成了使用法定数字货币的跨境和跨货币支付实验。新加坡银行业正开展一个基于区块链的数字贸易金融登记项目，旨在实现更大的透明度，减小贸易欺诈的风险。该项目由星展银行和渣打银行牵头，得到了包括荷兰银行、澳新银行、德意志银行、印度工业信贷投资银行、华侨银行和大华银行在内的其他 12 家银行的支持。

日本区块链金融应用种类也很丰富。日本瑞穗金融集团、三井住友金融集团和三菱 UFJ 金融集团、富士通试验了一种基于云的区块链平台，用于个体之间发送资金。在供应链金融方面，日本瑞穗金融集团子公司瑞穗银行和 IBM 日本公司共同开发区块链贸易金融平台，旨在提高贸易过程的效率。

印度政府在银行业方面，通过区块链技术建立个人及家庭联盟的在线身份，允许个人经营银行账户、转账、申请贷款等，从而将金融包容性提高到一个全新的水平。

阿联酋的迪拜国家银行（NBD）是阿联酋首个成功在支票保险系统中实施区块链技术防止欺诈的银行。该银行使用区块链技术防止欺诈的第一个月已经在 Cheque Chain 上收到了近 100 万份支票的注册。

4．大洋洲

大洋洲拥有多个数字货币方面的区块链金融应用，还出台了一系列文件，将区块链纳入国家数字化战略，旨在借助数字货币和区块链等新兴技术力量跻身全球金融科技中心。澳大利亚工业、科学和技术部 2020 年 2 月出台的《国家区块链路线图》指出，澳大利亚区块链应用最多的行业是金融和保险服务，澳大利亚“四大银行”中的 3 家与 IBM 合作创建企业，利用区块链技术将银行保函数字化。

5．非洲

肯尼亚对区块链进行了一定的探索，在保险方面 StanChat 银行集团与美国保险集团（AIG）联合开展了一项全球区块链技术试点。塞舌尔主要将区块链技术用于交易所方面。突尼斯在 2015 年就决定利用区块链技术推广国家数字货币，命名为 eDinar。塞内加尔也同样推出了本国的数字货币 eCFA。

5.3　应用场景与实践

5.3.1　数字货币

1．场景分析

当前，商品经济高度发达，人们希望经济、金融活动能够以更加高效的方式进行。例如，使用手机银行，让消费、储蓄、理财更加简单、便捷；金融与贸易、物流、投资等场景深度融合，让货币功能更加定制化、泛在化；国际贸易、跨境投资、跨境消费等的支付与结算，更加实时化；中央银行在制定货币政策时，希望对货币的发行、流通、储藏进行深入分析，为货币政策、宏观审慎监管和金融稳定性分析等干预需求提供数据支持，以更好地实施宏观调控。这些新的需求给电子货币提出了新的挑战，促使人们探索货币的新形态。

目前，多国政府及其中央银行已对区块链技术发表了积极看法。多国中央银行以降低货币体系运行成本，扩大电子应用领域，以及巩固全球经济金融领先地位为目标，尝试采用或借鉴区块链技术来建设法定数字货币原型系统，如英国、新加坡、美国、加拿大、德国和中国等[7]。法定数字货币是“一种不同于传统准备金或结算余额的中央银行货币数字形式”[13]，是一种数字支付工具，以国家记账单位计价，是中央银行的直接负债。法定数字货币需要一个信息系统来支撑其正常运行，从而方便地向公众提供服务。从狭义上讲，该系统包括中央银行、运营商、参与支付服务的提供商和银行。从更广范围来说，该系统还可以包括数据服务提供商、提供和维护应用程序的公司，以及发起和接受支付的销售点设备提供商[14]。

2. 应用案例

1）英国数字货币 RSCoin

英国央行联合伦敦大学，于 2015 年 12 月提出并研发了全球首个法定数字货币原型系统——一种“混血”法定数字货币 RSCoin 原型系统。为实现中心可量化调控的货币政策，该系统借鉴和吸收中心化货币管理方式、区块链及虚拟代币模型等技术手段[10]，实现由央行控制并可扩展的数字货币原型系统。

RSCoin 原型系统的参与方由中央银行、商业银行和终端用户构成，如图 5-1 所示。为实现可扩展的协同记录，该系统采用了“中央银行—商业银行”的二元分层体系结构，由多家授信商业银行分别存储部分交易数据，实现了基于区块链技术分层管理的分布式账本。各参与方的主要分工如下：

- 中央银行完全控制货币的产生，拥有总账本的完全控制权，并通过管理和汇总从商业银行获得的交易信息，向整个系统发布最终交易数据。此外，中央银行还完全控制商业银行的授权认证权，定期向整个系统发布授权的商业银行列表。
- 商业银行负责收集和校验用户提交的交易信息，并将已验证的交易信息写入初级账本，提交到中央银行。

- 终端用户与商业银行相关联，通过商业银行传递交易信息。

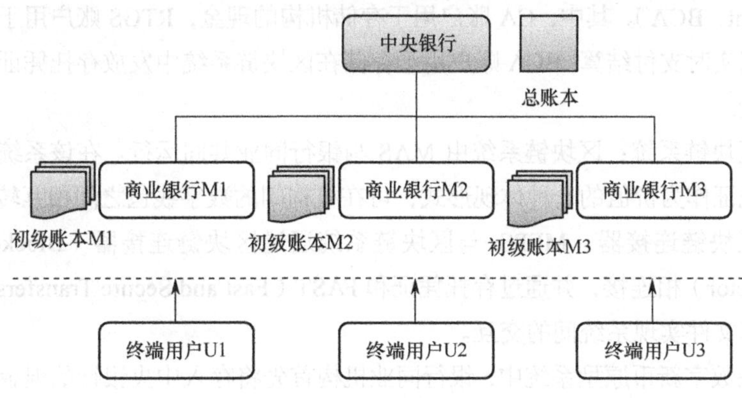

图 5-1 RSCoin 总体结构图

RSCoin 原型系统采用两阶段共识机制，实现交易信息的记录和管理。在第一阶段——投票阶段中，商业银行验证终端用户交易的合法性和正确性。在第二阶段——提交阶段中，商业银行先将交易信息记录在自己维护的初级账本中，再向中央银行提交初级账本。这种设计方案采用了分片的设计思想，将商业银行分成若干个小组，由各个小组负责部分总账本；并按照一定的规则，将交易信息分给不同的商业银行小组处理，从而提高了整个系统的吞吐量及可扩展性。

2）新加坡

2016 年 11 月，新加坡金融管理局（Monetary Authority of Singapore，MAS）启动了 Ubin 项目，致力于探讨区块链在金融生态系统的实用性，以降低跨境支付结算和证券结算的风险和成本。该项目采用分阶段研究模式，目前已完成了前两个阶段的探索。在第一个阶段，该项目研发了一个基于以太坊区块链平台及连续存托凭证货币模型的数字新币原型系统，并集成在现有的 MAS 支付结算的基础设施中，实现了使用数字新币进行银行同业间实时支付结算的目标。在第二个阶段，该项目重点探索了在保护交易隐私的前提下，基于区块链的实时结算（Real Time Gross Settlement，RTGS）系统实现多边净额结算的能力。

数字新币原型系统由 MAS 与银行同业机构共同运行，由电子支付系统（MAS Electronic Payment System，MEPS+）和基于以太坊的区块链系统组成。

MEPS+：由 MAS 运行管理的 MEPS+支持大额本币银行间资金转账，以及新加坡政府证券的结算。在MEPS+中，参与机构有3类账户，分别是现金账户（Cash Account，CA）、RTGS账户及区块链现金账户（Blockchain Cash Account，BCA）。其中，CA账户用于存储机构的现金，RTGS账户用于银行同业间实时支付结算，BCA账户用于存储在区块链系统中发放存托凭证的抵押现金。

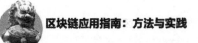

区块链系统：区块链系统由MAS与银行同业共同运行。在该系统中，存托凭证作为价值的一种体现形式，可在机构间的数字钱包之间相互转移。

区块链连接器：MEPS+与区块链系统通过区块链连接器（Blockchain Connector）相连接，并通过存托凭证和FAST（Fast and Secure Transfers）净额结算文件实现系统间的交互。

在数字新币原型系统中，银行同业机构首先将存入中央银行的现金作为抵押品，获得等额的数字新币；其次，使用数字新币实现银行同业间的支付和汇款结算；最后，银行将数字新币全额兑换成等额的现金。Ubin项目的主要流程如图5-2所示。

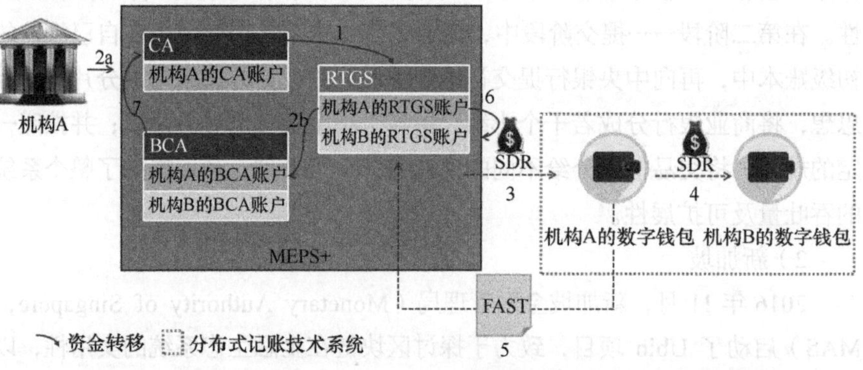

图5-2 Ubin项目的主要流程

- 在MEPS+中，将CA账户中超过存款准备金的资金转移到RTGS账户。
- 现金抵押。以机构A为例：机构A向MEPS+发送转移资金到BCA账户的请求；资金将从机构A的RTGS账户转移至机构A的BCA账户，此资金将作为发放存托凭证的现金抵押品。
- MAS通过智能合约向机构的数字钱包发放存托凭证。以机构A为例：如果机构A的BCA账户中有300新币，则机构A的数字钱包中有价值300新币的存托凭证。至此，处理流程将转移至区块链系统。
- 在区块链系统中，机构与其他参与者进行交易。

- 当上述交易完成后，区块链系统将向 RTGS 账户发送一个 FAST 净额结算文件。至此，流程将再次转移到 MEPS+系统。
- 如果机构的 RTGS 账户有足够的资金，则从中扣除相应的资金，并计入获得资金机构的 RTGS 账户。
- 将机构的 BCA 账户中的资金转入其 CA 账户。

3）美国 FEDCoin

2013 年 4 月 13 日，JP Koning 在一篇博客中首次提出了基于分布式账本的 FEDCoin 模型，以降低支付系统对中心化处理的依赖。2015 年，美国圣路易斯联邦储备银行副总裁 David Andolfatto 在 P2P 金融系统国际研讨会上，公开支持 FEDCoin 模型，以实现全球任何人都可以通过数字钱包和互联网访问，使用 FEDCoin 进行低成本的点对点交易。虽然目前该设计仍处于理论阶段，但是货币专家 Doug Casey 认为，只有美联储发行法定数字货币，才能最大限度地巩固美国经济中心的地位。

FEDCoin 模型取消了“中央银行—商业银行”的二元分层体系结构，允许个人或企业直接在中央银行开户，从而增强美联储控制广义货币总量的能力，其总体结构如图 5-3 所示。控制 FEDCoin 的供给量有两种方式：一是美联储具有创建和销毁数字货币的能力，或美联储预先分配整个数字货币的供给量。二是当数字货币供过于求时，美联储使用准备金从公众手中回购数字货币。在 FEDCoin 模型中，企业或个人可通过美联储的互联网门户网站直接购买数字货币，下载数字钱包应用管理 FEDCoin，并可通过银行或者自动取款机，以 1∶1 的比例实现 FEDCoin 与美元的兑换。

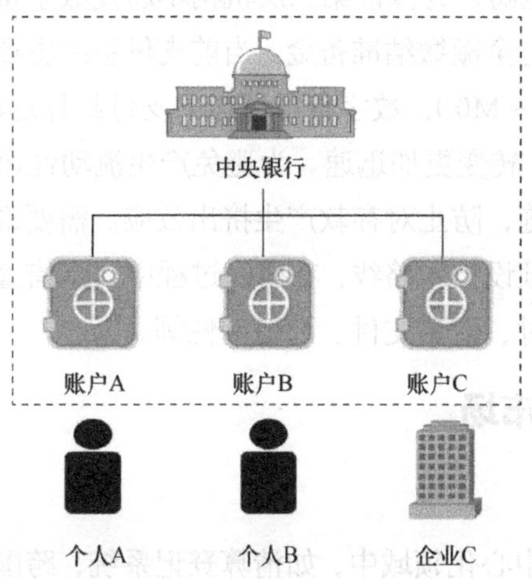

图 5-3　FEDCoin 总体结构

JP Koning 建议美联储在选择实现 FEDCoin 的底层区块链类型时，权衡每项技术的利弊，以最大化实现其设计目标。例如，联盟链具有更快的处理速度、更强的监管能力及更严格的交易最终性[11]，而公有链更能体现出现金的独特品质，如匿名性。针对数字货币的隐私性，该方案介绍了两种设计思路：一是通过账户地址与现实用户解绑的方式，实现目前现金所具有的匿名性；二是通过使用同态加密或零知识证明等密码学算法，降低交易的透明性。

4）中国人民银行数字货币

中国人民银行自 2014 年开始研究法定数字货币，2017 年数字货币研究所正式成立，并与部分商业银行和有关机构共同开展数字人民币的研发。目前已基本完成了数字人民币的顶层设计、标准制定、功能研发、联调测试等工作，并逐步推进数字人民币的试点工作。2020 年 10 月初，中国人民银行副行长范一飞在一次会议中表示，数字人民币试点工作已取得积极进展，打造了一系列创新应用场景，并实现了多种安全便利的支付功能。试点应用得到了国家层面的支持，2019 年 8 月发布的《关于支持深圳建设中国特色社会主义先行示范区的意见》[9]中提出“支持深圳开展数字货币研究与移动支付等创新探索项目”。按照中国人民银行副行长范一飞关于我国法定数字货币（Central Bank Digital Currencies，CBDC）运行框架的选择论述，我国法定数字货币将采用“中央银行—商业银行”的双层体系。不同于私人部门发布的区块链货币，CBDC 采用中心化或部分中心化技术，使用层级架构的联盟链，并允许监管节点参与到分布式账本中合作记账。目前我国法定数字货币 CBDC 设计为 M0 范畴，为保证第二层机构不超发数字货币，代理发行机构需要向中国人民银行全额缴纳准备金。当前支付系统主要处理广义货币中的活期存款部分（M1 ~ M0），数字货币便捷的支付结算速度将使存款（M2 ~ M0）向现金（M0）转变更加迅速。为避免产生流动性风险，在特定条件下需要设置限制性措施，防止对存款产生挤出效应。需要说明的是，我国数字货币的研发并没有预设技术路线，在研发过程中只是借鉴了区块链的一些设计思路，如对等支付、匿名支付、易追溯性等。

5.3.2 交易市场

1. 场景分析

在目前传统的中心化领域中，如清算登记系统、跨国的汇兑结算系统等体系往往是某一金融产业的基础体系，区块链技术的应用将带来原有金融体

系的优化升级。例如，在证券结算和清算领域，证券所有人发出交易指令后，指令需要依次经过证券经纪人、资产托管人、中央银行和中央登记机构等机构的协调，才能完成交易。而若采用区块链技术，买方和卖方能够通过智能合约直接实现自动配对，并通过分布式的数字化登记系统，自动实现结算和清算。相比于以往交易确认需要“T+3”天，应用区块链技术后，结算和清算的完成可能仅仅需要 10 分钟。目前，区块链技术联盟 R3 CEV 正在测试银行间的清算、结算网络，并提出一些全新的清算、结算标准，尝试制定可交互清算、结算的标准。

当前，中心化的交易市场由会员机构（买方、卖方）交易中心和清算机构组成，如图 5-4 所示。其中，交易中心提供交易撮合、交易确认，清算机构负责买卖双方的清算，交易中心与清算机构均为可信任的第三方机构。这样的交易结构是基于制度性信任的一种合理方案。

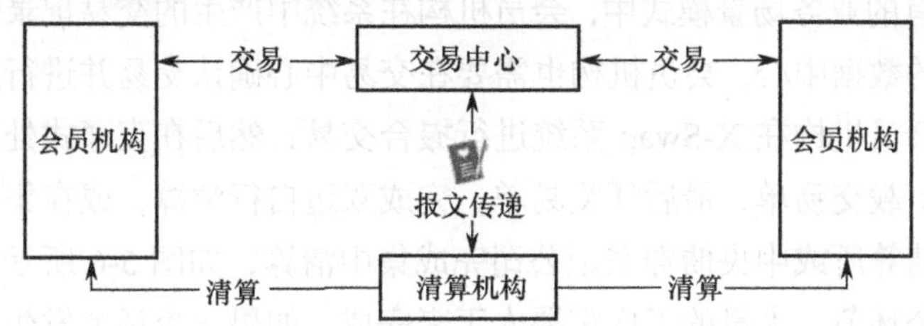

图 5-4　传统交易模式

目前几乎所有金融机构的交易结构都与此大同小异，普遍存在某一机构主导交易或清算、结算。尽管到目前为止，人们还没有发现这样的交易结构的重大缺陷，但这类中心化处理交易或清算的机构，有可能出现宕机、数据丢失等情况，这也是金融界积极寻找更加分散的交易结构的原因，区块链的出现正满足了这样的需求，如图 5-5 所示。在该结构中，交易中心仅提供撮合服务，真实的交易及清算发生在基于区块链的交易平台上。该结构发挥了区块链“交易即结算”的特性，区块链技术能够极大地加速交易中支付及清算过程，使支付和清算几乎变为实时。

2. 应用案例

1）X-Swap 授信撮合交易系统

X-Swap 授信撮合交易系统是中国外汇交易中心面向市场会员推出的全自主研发的订单驱动的撮合交易系统，为市场成员提供了便利的利率互换及债券远期等人民币利率衍生品交易服务。2016 年，中国外汇交易中心的全资子公司中汇信息技术（上海）有限公司对 X-Swap 系统开展了区块链的原型系统探索。

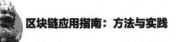

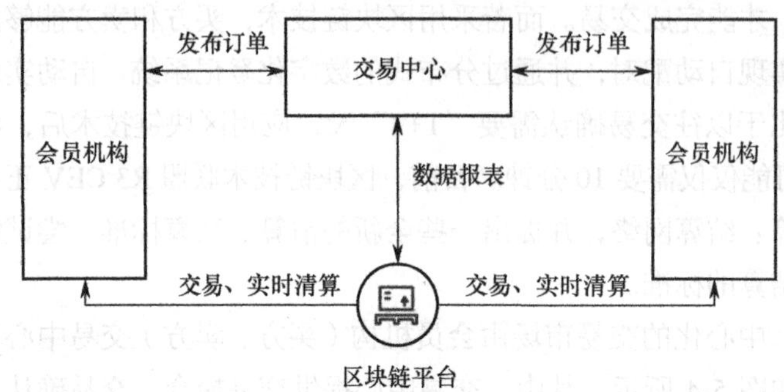

图 5-5 基于区块链的交易模式

在现有的业务场景模式中，会员机构在系统中产生的交易记录会存储在交易中心的数据中心，会员机构也需要在交易中心确认交易并进行后续的清算工作。会员机构在 X-Swap 系统进行撮合交易，然后在直通式处理系统服务程序中下载交易单，最后凭交易单，完成双边自行清算，或在集中清算机构如上海清算所或中央债券登记公司完成集中清算，如图 5-6 所示。整个过程包含多个环节，大量的工作需要人工来完成，如果一个环节发生故障，整个交易流程都会被阻塞。

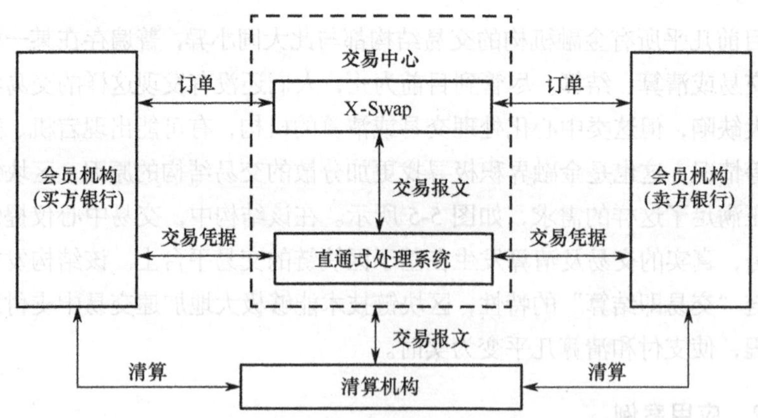

图 5-6 当前 X-Swap 系统交易和清算模式

基于区块链技术可以将交易记录实时地保存在区块链网络中，交易中心能够极大地减少运维成本，而市场会员进行交易后操作的过程也将更加简便，在完成交易后就可以在区块链网络中实时查到完成的交易，甚至自动完成双边清算或集中清算，如图 5-7 所示。

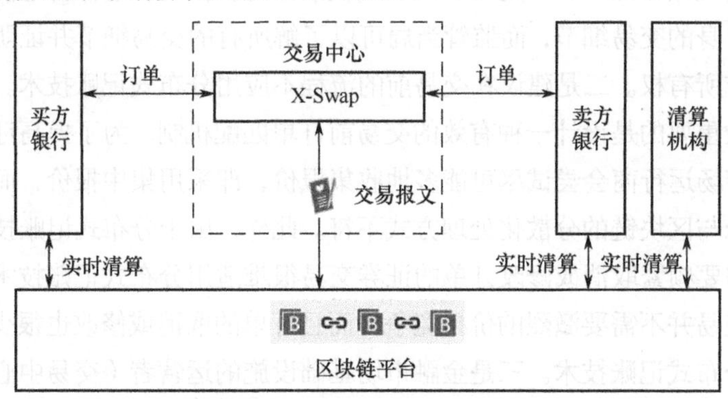

图 5-7 基于区块链的 X-Swap 系统交易和清算模式

2）基于比特币底层设计衍生的资本市场的基础设施框架

日本证券交易所集团 2015 年年末成立了内部研究团队，探索分布式记账技术在资本市场基础设施的运用。其后，日本证券交易所集团与其国内其他 6 家金融机构合作，共同检验了在区块链环境下是否可以实现证券发行、交易、结算、清算和所有权注册流程的精简化。该研究团队指出，区块链可以通过鼓励新业务发展、提高操作效率和减少成本来重塑现有资本市场基础设施。金融产品比虚拟代币复杂得多，其业务处理也相对复杂，因此有必要采用智能合约，如图 5-8 所示。

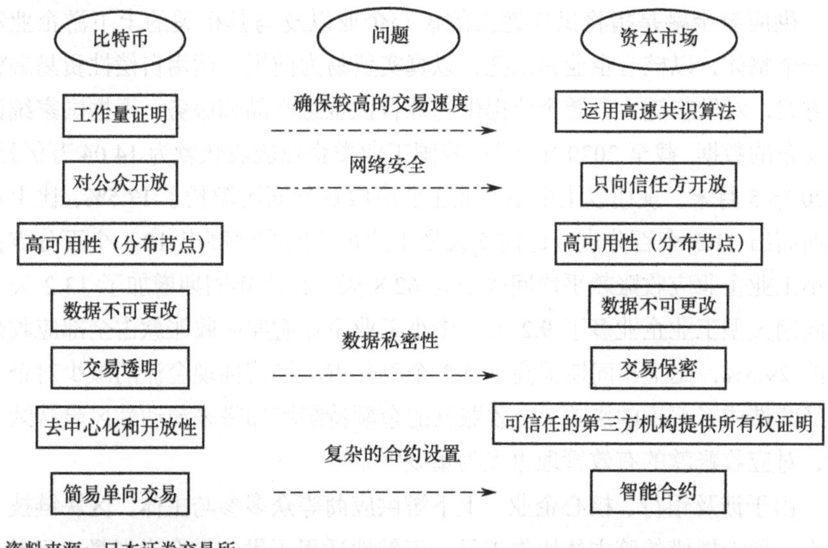

图 5-8 基于比特币底层设计衍生的资本市场的基础设施框架

其研究结论如下：一是应引入多层次数据隐私控制，这样普通使用者只能看到自身的交易细节，而监管当局可以了解所有的交易细节并证明使用者的交易或所有权。二是建议在交易前的流程不应用分布式记账技术。对于交易环节最重要的是设计一种有效的交易前订单匹配机制。为了提高订单匹配效率，市场运行商会尝试尽可能多地收集报价，即采用集中报价，而集中报价的理念与区块链的分散化处理方式不符。此外，由于分布式记账技术的不变性，需要频繁取消或修改订单的证券交易很难适用分布式记账技术。但场外双边交易并不需要激烈的价格竞争，而且订单的取消或修改也很少发生，可试验分布式记账技术。三是金融市场基础设施的运营者（交易中心、清算机构和托管机构等）应扮演认证机构的角色，并负责给金融机构发放相应的权限证书。最适合的节点管理候选人将是现有基础设施的运营商，当然，监管当局或 IT 服务供应商也可担任第三方受信任主体。四是从长期看使用区块链将带来一定程度的成本节约，主要表现在改变现有经营模式后操作成本的降低及全行业节点共享带来的应急处理成本的降低。

5.3.3 供应链金融

1. 场景分析

1）应用需求

供应链金融是指将供应链上的核心企业以及与其相关的上下游企业看成一个整体，以核心企业为依托，以真实贸易为前提，运用自偿性贸易融资的方式，对供应链上下游企业提供的综合性金融产品和服务。根据国家统计局发布的数据，截至 2020 年 3 月，我国工业类企业应收账款为 14.04 万亿元。2020 年 5 月末，规模以上中小工业企业应收账款同比增长了 17.5%，比上年同期高出 11.5 个百分点，比同期大型工业企业的增速高出 10.8 个百分点；中小工业企业应收账款平均回收期为 62.8 天，比上年同期增加了 13.2 天，比同期大型工业企业多了 9.2 天；中小工业企业逾期应收账款占全部应收账款的 29.5%，比上年同期提高了 3.3 个百分点。经营性现金流的减少对企业的经营造成了严重的影响。应收账款的余额持续增加带来流动性风险持续增大，对应收账款的有效管理也尤为重要[12]。

由于涉及银行、核心企业、上下游供应商等众多参与主体，区块链技术作为一种大规模的跨主体协作工具，天然地适用于供应链金融场景。目前，市场中供应链金融的主要信用载体是核心企业，传统的金融模式中只有一级

供应商或者同核心企业发生直接一手交易的供应商，才能够嫁接核心企业的信用将应收账款等进行金融化的融资，在上游的一些中小企业无法利用自身的供应链进行融资。利用区块链技术将一条完整的供应链交易进行上链管理，可引入金融机构解决中小供应商融资难、融资贵的问题。

2）应用模式

如图 5-9 所示，一级供应商 S1 和核心企业发生交易后，核心企业以数字凭证形式进行支付。一级供应商 S1 将此凭证通过金融机构进行变现或向自己的供应商支付。二级供应商 S2 和一级供应商 S1 发生交易后，一级供应商 S1 可以以区块链凭证支付二级供应商 S2。二级供应商可以以区块链凭证继续支付三级供应商 S3，依此类推，形成区块链凭证在平台上的流转，同时各交易主体可凭区块链凭证向银行申请对应额度的融资服务。期末，持有凭证的供应商或金融机构向核心企业托收，核心企业的托收行自动划款至该银行。该系统能有效促进以应收账款为基础资产的数字凭证的流转，满足中小供应商的融资需求，同时增加金融机构的参与度与客户数量。

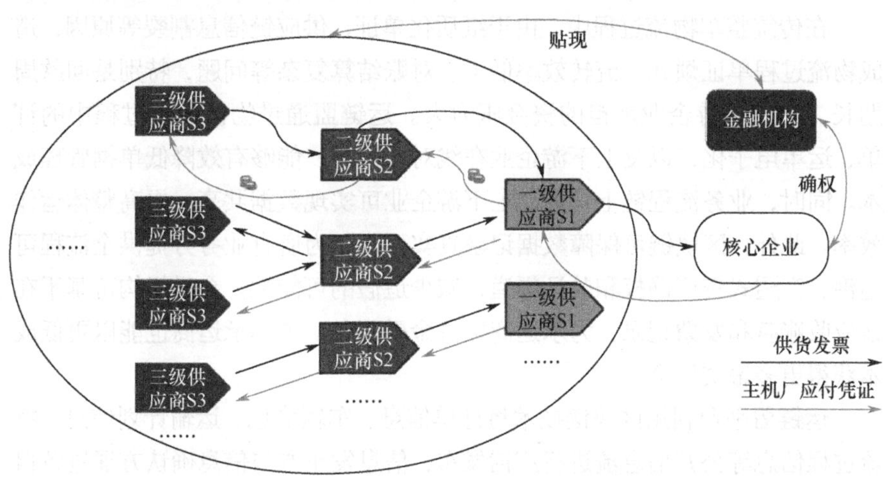

图 5-9 基于区块链的供应链金融业务模式

在区块链上发行、运行数字票据，可以在公开透明、多方见证的情况下随意进行拆分和转移。这种模式相当于把核心企业的信用变得可传导、可追溯，使其可传达至传统业务模式下无法触及的二级、三级等供应商，为大量原本无法获得融资的中小企业提供服务，极大地提高票据的流转效率和灵活性，降低中小企业的融资成本。同时，区块链作为“信任的机器”，具有可溯源、共识和去中心化的特性。即使某个节点的数据被修改，也无法获得其他节点的共识，从而使篡改失败。并且，区块链上的数据都带有时间戳，可追溯每一笔交易的全流程。因此，区块链可以提供高度可信的环境，减少资金端的风控成本，打消银行对于贸易信息被篡改的疑虑。

2. 应用案例：运链盟

运链盟是基于区块链技术，集合汽车物流、结算与供应链金融三大功能模块的综合服务平台，由中都物流、万向区块链、星展银行合作建设。运链盟利用区块链技术将整个业务流程上链管理，有效解决了运单流转、结算对账及资金压力等方面的问题，汇聚了汽车主机厂商、物流总包商、承运商、4S 店等整车物流业务相关方，并针对承运商融资难问题引入金融机构。在平台上，汽车主机厂商和物流总包商可在线发布订单和运单信息；各级承运商可将作业交接凭证、结算凭证、发票等业务数据记录在线，并实现上下游企业在线对账；金融机构则可以根据链上记录的业务数据，为承运商提供金融服务。

在传统整车物流过程中，由于纸质化单证、供应链信息割裂等原因，造成物流过程单证烦冗、流转效率低下、对账结算复杂等问题，特别是回款周期长，造成下游企业承担的资金压力大。运链盟通过物流运输过程中的订单、运单电子化，以及上下游企业在线对账模式，能够有效降低单据管理成本。同时，业务流程链上管理，上下游企业可实现数据共享，提高整体运作效率。此外，区块链可保障数据记录真实可靠，为所有业务方提供全流程可追溯、穿透式资产确权和验证渠道，减少造假的可能性。金融机构可基于在线应收账款和发票记录，为承运商提供金融服务，中小承运商也能以更低成本获得更多融资机会。

运链盟平台利用区块链技术将订单信息、车辆信息、运输计划信息、物流过程信息等公开信息流进行广播发布，信息发布方与信息确认方通过各自数字签名达成共识，过程中允许对数字信息进行新增、修改和作废，所有的过程都将被记录在区块链中。对于保密数据则由链上企业各自保存，必要时通过加密方式传递。在区块链上达成共识的基础上，通过对数据的筛选和过滤，使用统一的计算规则实现上下游对账功能，对账结果双方确认无误后，即具备商业开票条件。最后，利用区块链传递价值的基础属性，实现供应链金融服务，引进金融机构为各级供应商提供债券融资。运链盟平台充分利用了区块链信用传递和价值传递的特点，通过真实可信的业务数据为供应链金融服务开展提供信用背书，促进整条供应链形成良性的闭环。

参考文献

[1] 田易. 井通科技：用区块链技术赋能金融科技[J]. 国际融资, 2020(7): 40-42.

[2] 陆岷峰, 徐阳洋. 关于打造中国互联网金融中心战略研究[J]. 西南金融, 2017(2): 3-11.

[3] 万鹏. 数字化时代大湾区保险跨境服务平台中的科技应用——基于区块链在跨境保险业融合发展的实践探索[J]. 金融科技时代, 2020(7): 19-22.

[4] 徐歌. 基于主权区块链技术的纳税信用管理探索[J]. 湖南税务高等专科学校学报, 2020, 33(3): 3-9.

[5] 阮晓雅. 基于区块链技术嵌入的供应链金融模式财务问题研究——以蚂蚁金服双链通为例[J]. 山西农经, 2020(10): 162-163.

[6] HUNTER J C, PATEL P S, Sant'Anna L, et al. System and method for implementing an interbank information network: U.S. Patent Application 16/279,137[P]. 2019-6-20.

[7] 王巧. 数字货币兴起对我国金融业的影响[J]. 现代商业, 2018(5): 136-137.

[8] 托拜厄斯·阿德里安, 托马索·曼奇尼-格里福, 姜开锋. 数字货币的兴起[J]. 金融市场研究, 2019(9): 39-65.

[9] 中共中央国务院. 关于支持深圳建设中国特色社会主义先行示范区的意见[EB/OL]. [2019-08-18]. http://www.gov.cn/zhengce/2019-08/18/content_5422183.htm.

[10] 蔡维德, 赵梓皓, 张弛, 等. 英国法定数字货币 RSCoin 探讨[J]. 金融电子化, 2016(10): 78-81.

[11] 丁庆洋, 朱建明, 张瑾, 等. 基于双层架构的溯源许可链共识机制[J]. 网络与信息安全学报, 2019, 5(2): 1-12.

[12] 2020Q1 规模以上工业类企业应收账款分析[EB/OL]. [2020-06-23]. https://www.sohu.com/a/403615440_818225.

[13] Committee on Payments and Market Infrastructures and Markets Committee, Central bank digital currencies [EB/OL]. [2018-03-12]. https://www.bis.org/cpmi/publ/d174.pdf.

[14] Bank of Canada, European Central Bank, Bank of Japan, et al. Central bank digital currencies: foundational principles and core features[EB/OL]. [2020-10-09]. https://www.bis.org/publ/othp33.pdf.

第6章 区块链与物流

6.1 应用领域概述

作为贯穿一二三次产业的行业，物流衔接生产与消费，涉及领域广、发展潜力大、带动作用强。物流是国际贸易的重要保障，也是国内商品流通的关键支持。根据世界经济论坛的估算，减少供应链贸易壁垒可使全球 GDP 增长近 5%，全球贸易增长 15%。同时，物流也是构建互联网经济的重要基础，随着全球互联网化的推进，物流行业无论从规模还是从复杂性上都在不断提升，对物流企业的要求也日益多元化。在这种背景下，物流企业在纷纷加速战略布局的同时，也积极吸纳社会物流资源，采用各类技术手段加速创新，为客户提供更全面的物流服务。

根据国家发展和改革委员会发布的数据，2019 年全国社会物流总额达 298.0 万亿元，按可比价格计算，同比增长 5.9%；物流业总收入达 10.3 万亿元，同比增长 9.0% 。2020 年 5 月，国务院办公厅转发国家发展和改革委员会、交通运输部《关于进一步降低物流成本的实施意见》，其中强调加快发展智慧物流，提出“推进新兴技术和智能化设备应用，提高仓储、运输、分拨配送等物流环节的自动化、智慧化水平”。2020 年 8 月，国家发展和改革委员会、工业和信息化部等 13 个部门发布《推动物流业制造业深度融合创新发展实施方案》（发改经贸〔2020〕1315 号），其中提出积极探索和推进区块链、第五代移动通信技术（5G）等新兴技术在物流信息共享和物流信用体系建设中的应用。IBM 于 2018 年 5 月发布的针对来自 16 个国家或地区的 202 名运输和物流行业的高管的一份调研显示，14%的物流业受访高管正在运用和投资区块链，77%的物流业受访高管希望在未来 1～3 年内将区块链网络投入生

产[1]。可以说，区块链已经成为发展智慧物流，提升物流信息共享水平和信用体系建设能力的重要技术选择。

马士基于 2020 年 8 月发布《物流数字化转型：供应链物流中的数据和技术变革》[2]，其中提及目前在数字化改革方面，物流行业已相对落后于其他行业，为了获得新技术带来的优势，需要进行根本性改变，而造成这一局面的原因主要在于业内数据的标准化和共享协作方面存在一些障碍。从总体上说，物流行业广泛存在信息不对称、信息兼容差、数据流转不畅通等问题，导致物流中生产关系的信任成本越来越高。

一是信息系统中心化造成企业交互成本过高。由于企业物流系统的中心化，造成物流企业在物流供应链上下游企业之间的数据共享与流转通常需要通过相应接口进行数据对接。并且，由于整个供应链的信息流存在诸多信用交接环节，系统的对接工作通常非常烦琐。此外，即使通过现有技术实现数据的互通，也难以保证数据的真实性和可靠性。

二是商品信息的真实性无法完全保障，特别是食品和药品。可以说，目前商品溯源防伪中最大的难题是无法确保商品供应链中的某一方能够提供真正真实可靠的商品信息。在整个物流过程中涉及诸多利益相关者，商品信息来源多样化，造成伪造、篡改数据的风险大和出现问题时追踪难等问题，消费者缺乏判断商品真假优劣的可信依据，在出现争端时举证和处理都成为难题。

三是物流信用机制不健全。物流生态中存在大量信用主体，包括个人、企业、物流设备等类型。如何安全、有效地在多方之间建立高信任的协作关系是确保一线物流从业者提供高质量的服务、企业承担应有的社会责任及智能设备安全运转的关键。但是，目前物流行业缺乏业内公认的信用评价标准和信用保障机制，物流信用生态亟待建立。同时，物流供应链中的中小微企业，由于信用等级评级缺乏或较低，也造成投融资困难等难题。

区块链技术作为一种由分布式计算机网络节点共同维护的分布式数据库系统，其去中心化、公开、透明、防篡改的特性能够帮助解决社会物流中信息不对称和信息造假的问题，同时可有效避免因网络攻击造成的系统瘫痪。基于区块链的共识机制可构建去中心化的信任体系，可帮助各参与方打造一个既公开透明又能充分保护各方隐私的开放网络，建立高度信任的社会物流环境，能够有效解决上述几个问题。

6.2　基于区块链的解决思路

物流过程中的参与者是来自物流不同领域的不同实体，在共同协作建立生产关系时需要大量的成本解决信任的问题，如服务质量的运营成本、结算账单对账成本及物流单据的审核管理成本等。通过传统的电子数据交换手段（EDI）实现组织之间的数据交换，可能会因网络问题、系统故障，或人为修改等原因，造成组织间的数据不一致的情况，降低了数据可信度。此外，EDI的实施也是以双方建立合作关系为前提的，这也提高了系统的使用门槛。而区块链技术可以实现数据在交换过程中的安全性、可靠性和完整性。同时，区块链网络更为开放，能够有效解决“大物流”中的信任问题[3]，可以促进实现物流平台的规模化、低成本及高信任，如图 6-1 所示。

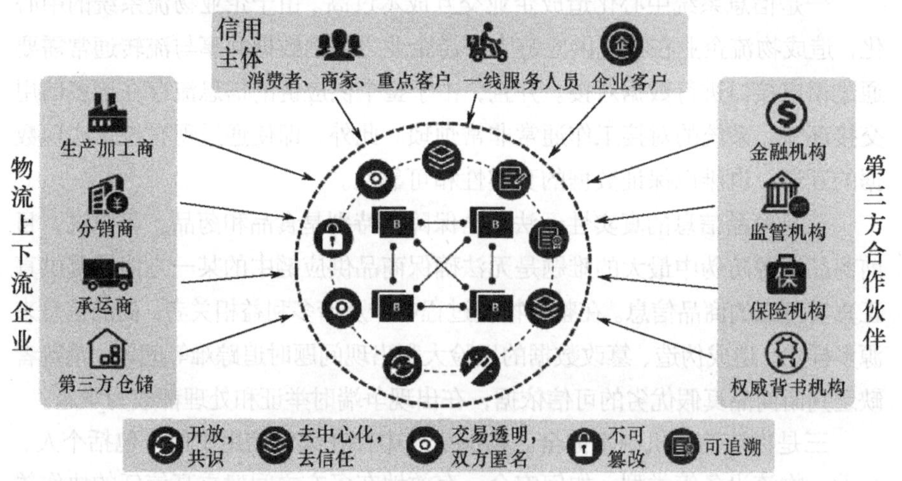

图 6-1　基于区块链技术解决“大物流”的信任问题

在物流行业，从最初的“商流”，逐渐产生“物流”，以及相应的“资金流”和“信息流”的支持，在各种“流”的背后，都存在着一个关键问题，那就是商品所有权的转移。区块链技术所解决的许多问题都与资产所有权转移过程中的信任摩擦有关。因此，从这个角度说，涉及多流融合的物流行业非常适合应用区块链技术。

利用区块链技术可以促进物流中的商流、实物流、信息流、资金流四流合一，能够在多方互信的基础上快速聚合优质资源，打造立体化供应链生态服务，通过物联网技术确保物流数据收集过程的真实可信。同时，基于区块链的分布式账本可以有效打破信息孤岛，确保数据存放的真实可靠，促使实物流向信息流的映射速度、广度和深度大幅提升，进一步提升信息流的可信度，拉近资金流和实物流的距离。此外，区块链技术可以确保企业财务数据的真实性和实时性，能够显著提升实体企业融资的便利性，缩短结算周期，

实现准实时结算。

因此，物流企业可以利用区块链技术，基于现有的物流网络，面向社会上同一商品的制造商、分销商、零售商等商家，提供一体化物流服务，并针对每一件库存商品，提供生产制造、物流运输、仓储保存、流通监控的全流程监控、溯源及标准物流服务操作，实现商品在全渠道库存共享的过程中来源可追溯、品质可保障，减少商品搬运次数，实现“短链”的物流服务模式，从而降低全社会的物流成本。

6.3 应用发展态势

在应用研究方面，DHL 和埃森哲于 2018 年联合发布的《物流中的区块链：区块链技术在物流行业中的影响及用例》[4]认为，区块链可以在全球贸易中促进公平，建立互信，改善供应链的透明性和可追溯性，通过智能合约可以实现自动化物流商业流程，从而进一步释放物流价值。普华永道（PwC）于 2020 年发布的一份报告认为，区块链在物流行业中有很高的应用潜力，可以通过加密数字记录在供应链中追踪货物的每个阶段，从而解决供应链中的关键挑战问题，使运输过程更加可视化、争端解决更加迅速，并且可以实现自动化操作、减少纸质作业和支持端到端溯源[5]。

在应用落地方面，区块链在物流中的应用涉及流程优化、物流追踪、物流金融、物流征信等应用方向，涵盖结算对账、商品溯源、冷链运输、电子发票、ABS 资产证券化等场景，特别是在航运、商品溯源、物流金融等领域有一些成熟的项目。马士基与 IBM 联合构建的基于区块链的供应链平台 TradeLens，利用区块链技术帮助管理和追踪航运文件记录，从而提升航运效率和安全性。甲骨文利用区块链技术打造智能追踪供应链应用，将全球贸易伙伴之间的供应链过程上链，以降低管理和沟通成本，帮助提升供应链效率和可见性，并实现利用智能合约触发问题预警甚至行动。IBM 于 2018 年推出基于区块链的食品供应链生态系统 Food Trust，旨在通过创建每个产品的端到端历史来提高食品供应链的透明度和可追溯性，目前已联合沃尔玛、雀巢等企业取得一定的应用成效。UPS 于 2019 年与电子商务领域的 Inxeption 公司联合推出 Zippy 物流区块链平台，该平台能让商家监控产品从上市到发货的整个供应链过程，并确保特定合同定价及费率等敏感数据只显示给特定买家和卖家，从而帮助企业提升供应链管理水平。

此外，物流领域的企业通过成立联盟等方式，合作探索区块链在物流领域的应用。例如，2017 年 8 月成立的全球区块链货运联盟（BiTA），旨在通过行业标准、应用和解决方案培训等推动区块链等新兴技术在物流和货运领域的应用，成员主要来自货运、运输、物流和附属行业，目前已在 25 个国家拥有近 500 个成员；2018 年 5 月由我国物流企业主导成立的"物流+区块链技术应用联盟"，旨在搭建国内外区块链技术互动平台，推动建立区块链在物流行业统一的应用技术标准，助力区块链技术在物流行业创新发展。

6.4 应用场景与实践

6.4.1 物流单证

1. 应用概况

物流单证是物流过程中使用的所有单据、票据、凭证的总称，包括运输单证、仓储单证、配送单证、包装单证等[6,7]。在供应链物流领域，企业与企业、企业与个人之间的信用签收凭证大部分还采用纸质单据和手写签名的方式，这些纸质单据不仅作为运营凭证，还作为结算凭证使用，给物流运营和监管等带来一系列障碍，制约了智慧物流和物流金融的发展。

一是成本问题。由于传统内审、外审的要求，造成有纸化单据的存在，在材料成本和管理成本方面造成浪费，通过无纸化可大幅降低相关成本。

二是运营问题。纸质单据通常在线下传递，容易导致信息流与单据流不一致，产生较多运营异常，导致对账差异大、结算周期长，严重影响了承运商的现金周转及回款，相关方需要在核定账目异常等具体事务上花费较多时间，造成负面的用户体验。

三是监管问题。针对网络货运经营者不得虚构交易、运输、结算信息等监管要求，纸质运单和通过系统接口对接的方式上报监管数据难以确保单据内容的真实性和实时性。

近年来，电子技术的飞速发展使社会生产生活越来越依赖电子技术产品、数字化通信网络和计算机等，使信息载体的存储、传递、统计、发布等环节逐步实现无纸化。1999 年颁布实施的《合同法》及 2005 年颁布的《电子签名法》确立了电子签名的法律效力，《电子签名法》提出可靠的电子签名与手写签名或者盖章具有同等的法律效力，同时《合同法》中也说明数据电文和纸面合同一样，是书面形式的一种，具备相同的法律效力。

区块链作为新兴的技术也已经逐渐被司法机构认可，最高人民法院出台

了《最高人民法院关于互联网法院审理案件若干问题的规定》，其中在第十一条中明确指出，当事人提交的电子数据，通过电子签名、可信时间戳、哈希值校验、区块链等证据收集、固定和防篡改的技术手段或者通过电子取证存证平台认证，能够证明其真实性的，互联网法院应当确认。

在应用实践方面，京东物流利用区块链和电子签名技术打造“链上签”产品，解决传统纸质单据签收不及时、易丢失、易篡改和管理成本高的问题，同时利用数字签名技术解决传统纸质单据处理异常的难题，实现物流配送过程中发现异常后及时修正，并实时将修改的数据上链，双方运营结算人员可以及时获取准确的数据，同时利用物流企业供应链优势，背靠已有的物流网络和技术打造基于区块链的可信单据签收平台，实现单据流与信息流合一。

2. 应用技术选择情况

数字签名是电子签名的一种，目前《电子签名法》中提到的签名，一般是指数字签名，简单地说就是通过某种密码运算生成一串唯一性的电子密码，以这串唯一性的电子密码代替书写签名或盖章，用于鉴定签名人的身份及对一项电子数据内容的认可，验证出文件的原文在传输过程中有无变动，确保传输电子文件的完整性、真实性和不可抵赖性。

通过区块链技术实现单据信息链上存储，单据使用非对称加密技术进行电子签名和签名数据查验，物流参与方在电子单据签署过程中，将签名数据写入区块链，有助于实现单据签署过程中的数据保真，验证数据真伪。图 6-2 展示了货主与承运司机之间承运协议的电子单据签署过程。

数字签名服务使用私钥进行签名，签名服务通过公钥验证文件由用户本人进行确认。身份私钥可以是主身份或是某个角色身份，身份公钥和身份相关信息需要通过证书颁发机构（CA）进行签名，确保身份真实可靠。拥有不同角色身份后，可对不同的场景使用数字签名服务，如文件签名、去中心化应用认证等。

基于区块链实现单据流与信息流合一过程如图 6-3 所示。首先，需对承运委托书协议模板进行预先定义，对承运委托书协议的签署方及签署过程进行预先定义，可信单据服务平台需提供根据不同场景的需求定义不同签署流程的能力。单据签署前，货主企业和司机作为单据的签署方需要事先完成实名认证，并联合 CA 为签署方颁发一份认证其身份的数字证书，利用 CA 认证技术检查证书持有者身份的合法性，确保区块链上所有经过私钥签名的交易都是实名化的，并将实名认证和数字证书发放信息上链存证。单据签署时，需要通过生物识别、短信验证的方式完成签署意愿表达，确保签署主体及行为真实有效，并将确认意愿信息上链进行存证。最后，将签署完成的电子承运委托书协议及相关日志进行存证，各个参与方可通过专属区块链浏览器等公示工具查看、提取、验证已上链的存证信息。

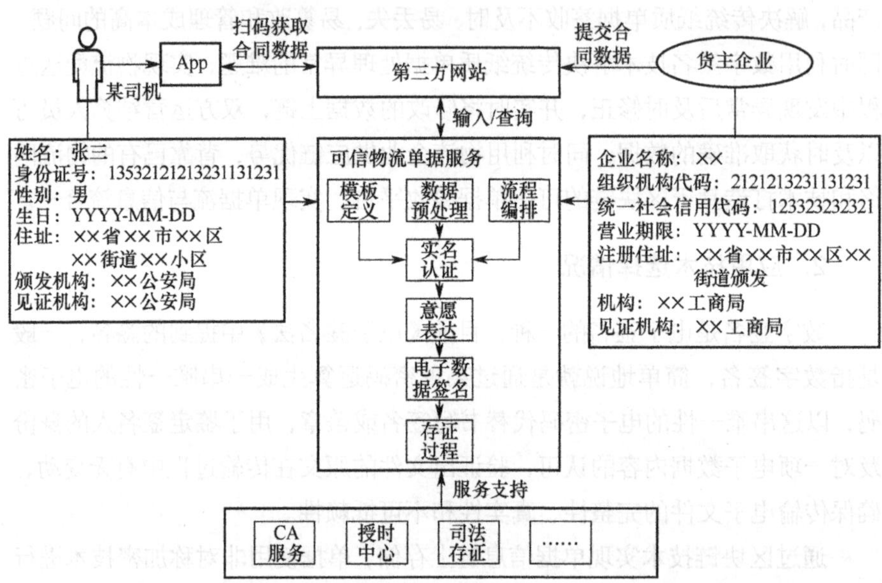

图 6-2　货主与承运司机之间承运协议的电子单据签署过程

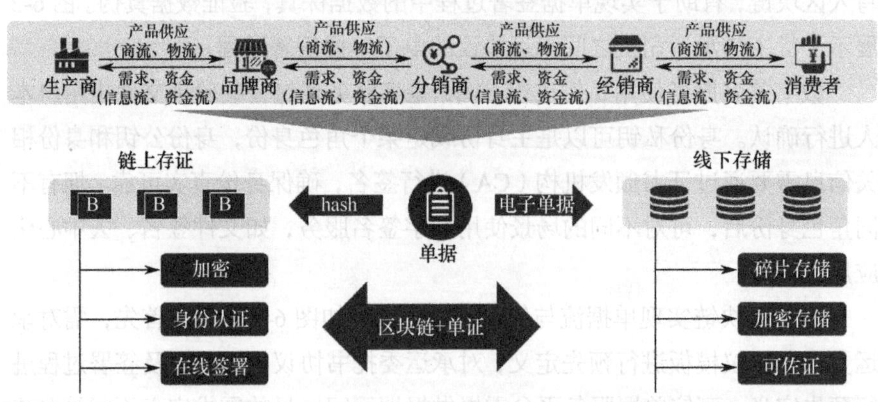

图 6-3　基于区块链实现单据流与信息流合一过程

区块链存证是基于区块链技术构建的区块链存证服务，可采用多节点共识的方式，联合法院、公证处、司法鉴定中心、授时服务机构、审计机构及

数字身份认证中心等权威机构节点的电子数据存证服务，区块链及相关分布式账本技术可以保证存证信息的完整性和真实性[8]。

此外，还可通过区块链构建可信单据查验平台，为利益相关方提供单据查验和下载统一视图，基于标准跨链协议完成与权威机构的证据链对接，如北京互联网法院“天平链”，从而提升取证效率，降低司法取证成本。

3. 应用治理情况

可信单据服务平台采用联盟链的治理方式，在该网络中，物流企业、承运商、CA 和其他业务相关方都可作为链上节点加入，形成一个可靠的联盟链网络。在业务设置上采用符合供应链物流特点的治理方式，在保障供应链数据可信共享的同时，又具备良好的安全特性和隐私保护能力。所使用的区块链平台是基于京东自主知识产权的区块链底层技术平台 JD Chain，强化区块链底层在客户实名、协约签署、管理、维护和合同保障方面的应用，为物流单证应用场景奠定了良好的基础。

6.4.2　快运对账

1. 应用概况

目前物流快运业务可分为干支线的整车零担运输、TC（快速分拨中心）转运业务、城市配送、上门揽收等，业务发展速度非常快，对快运承运商的应付账款对账能力提出了很高的要求。但目前快运对账由于信息化程度有限等原因，还存在以下发展痛点。

1）对账周期长带来承运商体验差

据不完全统计，快运承运商对账周期往往在 90 天之久，较大程度上影响了承运商的现金周转及回款，双方需要花费一定时间在核定账目异常等具体事务上，造成了负面的用户体验，随着物流企业快运业务量的提升，这些问题更加突出。

2）对账被动、账单回收率难以把控

企业之间对账大部分还依赖纸质账单，由于纸质账单发送和回收机制不完善等原因，经常出现纸质账单收不回来的情况，造成对账管理难度大，账单的回收率和对账率难以把控。

3）手工对账造成对账覆盖面小、准确性难以保障

人工对账存在较大的数据差异性，如前后信息不对称，对于对账产生的

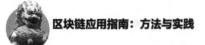

差异需要花费大量时间和人力进行核查，同时准确性也难以保障。

4）纸质化办公造成成本居高

由于传统内审、外审的要求，造成纸质账单的存在，在材料成本和管理成本方面造成浪费，而通过无纸化可大幅避免浪费。

在采用手工处理对账方式的情况下，账单回收、对账结果核对和统计等一系列后续工作都由人工来处理，导致员工的劳动强度较大、对账的工作效率较低等问题，还造成对账结果信息难以及时反馈，同时对账成本和管理成本还会随着客户量的增加而不断攀升。

如图 6-4 所示，物流承运过程一般需要经过下单、询价、派车、运输、签收等诸多环节，结算双方企业需要通过系统接口对接的方式完成不同阶段数据的共享与流通，通过传统的技术手段仅能实现信息流互通，不能真正解决双方的信任问题。信用签收还是依赖纸质运单，双方各有一套清结算数据，结算双方每个结算周期都要进行对账，需要人工审核大量的纸质单据，这种方式成本高、效率低、结算周期长。利用区块链技术实现多方数据可信共享，可以帮助核心企业和承运商等快运对账相关方之间建立充分的信任基础，从而破解物流对账痛点，有效解决单据交接和运营对账难题，满足核心企业和承运商之间的结算需求。

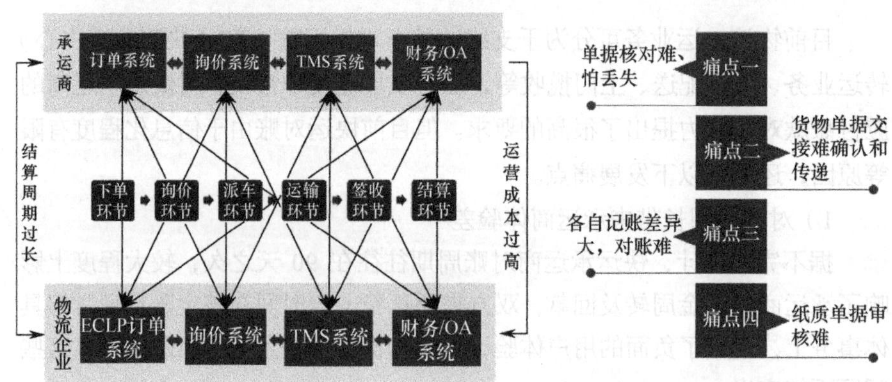

图 6-4　传统对账过程：效率低、成本高

2．应用技术选择情况

基于区块链的分布式账本及智能合约技术对现有业务流程进行改造，实现缩短对账周期和付款周期，从而帮助物流企业增加承运商的折扣空间，总体流程如图 6-5 所示。

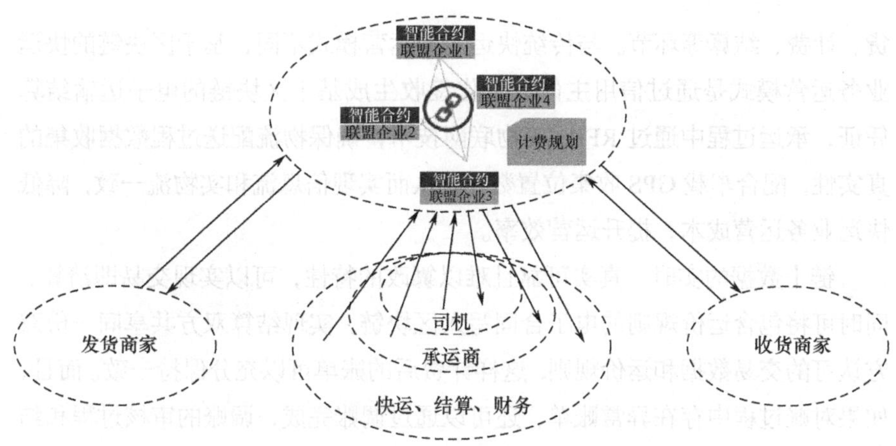

图 6-5　基于智能合约的快运对账流程

1）线下单据交接无纸化

通过整合移动 App 应用，实现将货物数量、重量、体积、接收时间、交接时间、送达时间，以及整个流程上下游的费用数据，使用统一方式生成电子对账单，并基于电子签名实现货物信用交接。

2）结算部门无纸化对账

通过从区块链智能合约平台定期推送的账本数据，以及支持带有电子签名的导出式对账单，实现发货端、收货端、承运商、物流企业多方协同对账，可以实现差异部分自动化提醒，进而有针对性地核验差异账目。

如图 6-6 所示，基于区块链的快运对账流程，是将快运业务的各个环节所产生的关键数据上链，包括但不限于下单、询价、报价、出库、运输、收

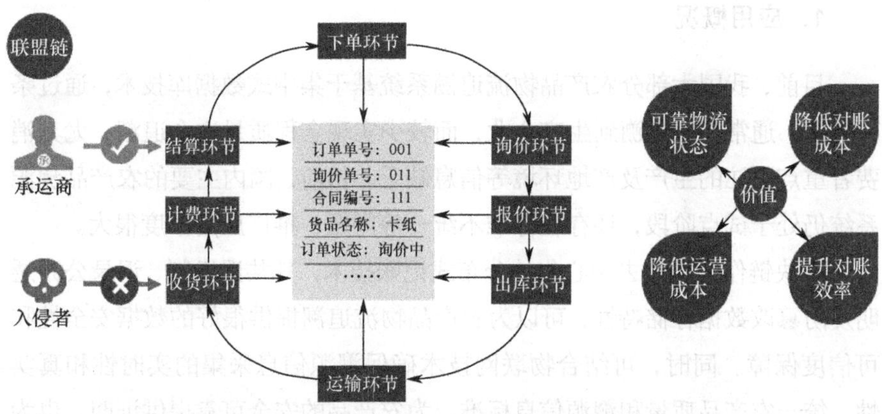

图 6-6　基于区块链的快运对账流程：准实时，成本低

货、计费、结算等环节。与传统快运业务运营模式不同，基于区块链的快运业务运营模式是通过信用主体无纸化签收生成基于区块链的电子运输结算凭证，承运过程中通过 RFID 等物联网技术，确保物流配送过程数据收集的真实性，配合车载 GPS 收集位置数据，从而实现信息流和实物流一致，降低快运业务运营成本，提升运营效率。

链上数据的实时、真实可靠且难以篡改的特性，可以实现交易即清算，同时可将包含运价规则的电子合同写入区块链，实现结算双方共享同一份双方认可的交易数据和运价规则，这样计费后的账单可以充分保持一致。而且，如果对账过程中存在异常账单，还可以通过调账完成，调账的审核过程和结算付款发票信息可作为存证写入区块链。

3. 应用总结与展望

物流企业通过区块链技术对现有业务流程进行规范，可以大幅降低供应商对账周期，从而实现运营和管理成本的大幅降低。如果按照全国每年 20 亿元的快运支出来计算，应用区块链技术可以实现全国快运业务实现每年 2 亿~3 亿元的成本节约。未来随着快运业务的迅猛发展，成本节省还会有更大的空间。同时，利用联盟链技术和物流供应链核心企业优势，还可以衍生出更多的应用场景。例如，利用区块链上可信的单据与交易数据，为供应链金融提供保理服务，以解决中小企业融资难、融资成本高的问题。

6.4.3 农产品物流追溯

1. 应用概况

目前，我国大部分农产品物流追溯系统基于集中式数据库技术，通过条码溯源，通常只能追溯到生产企业，而较少实现全程质量安全追溯，尤其消费者重点关注的生产及产地环境等信息缺乏。目前，国内主要的农产品溯源系统仍处于试点阶段，还存在标准不统一等问题，推广应用难度很大。

区块链作为一种去中心化的分布式记账技术，其共识机制、记录公开透明及防篡改数据存储特性，可以为农产品物流追溯提供很好的数据安全性和可信度保障。同时，可结合物联网技术确保溯源信息采集的实时性和真实性，统一农产品质量和溯源信息标准，为农产品的安全可靠提供证明，也为消费者提供一个高可信的农产品食品消费生态，如图 6-7 所示。

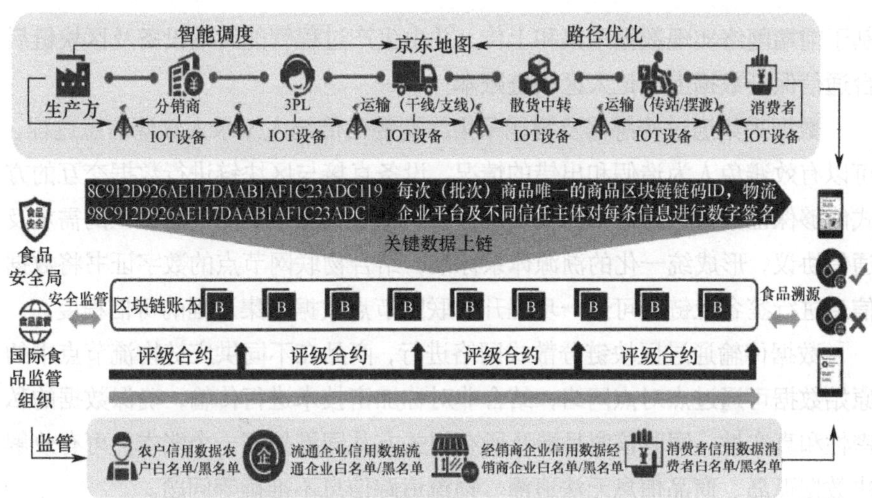

图 6-7 基于区块链的农产品物流追溯流程

2. 应用技术选择情况

将区块链技术与物联网技术结合，可实现信息流的一物一码，通过为小包装农产品分配线下唯一防伪码，可采用激光标记不可逆二维码、芯片和激光打标等方式，实现线下的一物一码，使农产品在生产、仓储、物流、交易等环节所产生的关键数据的收集过程真实可信，通过区块链技术解决数据存放的真实可靠问题，最后可将农产品全生命周期数据提供给监管部门，或供消费者溯源验真使用。

如图 6-8 所示，基于区块链技术构建的农产品物流追溯平台总体架构可分为用户应用层、数据服务层、数据接入层。数据接入层和数据服务层完成追溯系统对于农产品的数据记录和存储功能，可利用感知层的物联网设备，

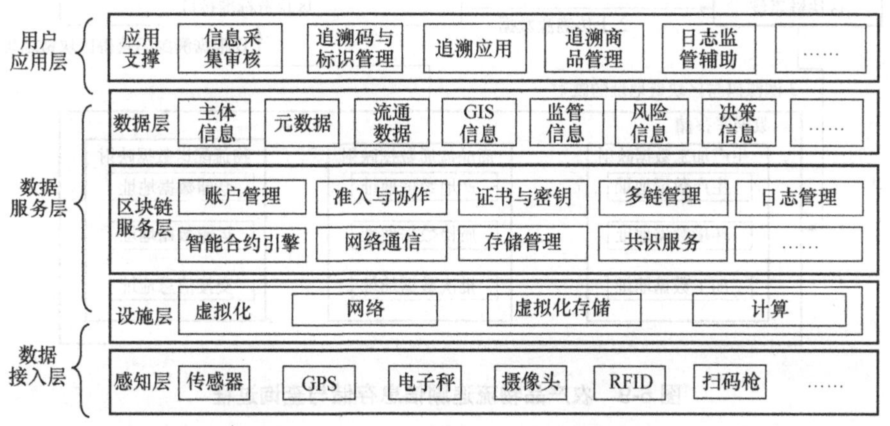

图 6-8 农产品物流追溯平台总体架构

基于前端网络实现数据采集和上传，并由生产过程智能终端设备及区块链后台通信保证数据上载记入区块链账本。

数据采集通过传感器及智能采集终端替代传统人工录入溯源信息过程，可以有效避免人为造假和出错的情况。设备直接与区块链进行数据交互的方式能够保证数据来源的多样性及统一性。并且，通过确定数据类型的需求及通信协议，形成统一化的溯源体系标准，结合物联网节点的数字证书将数据信息进行签名上链，可进一步提升物联网节点数据采集过程的可信程度。

数据传输通过区块链分散式网络进行，商品在不同供应链物流节点中的原始数据可通过点对点网络，结合非对称加密技术进行传输，确保数据的私密性和真实性，同时该商品涉及所有相关方共同维护同一个账本，可有效解决数据孤岛、商品信息无法追溯、物流追踪信息不准确等问题。

数据存储使用区块链与数据库相结合的方式进行设计，如图 6-9 所示，区块链本身的链式存储结构仅支持通过交易地址或区块地址的查询，同时商品的追溯数据分别存储在各自组织节点的本地存储中，涉及与多个子系统进行交互。将商品在生产加工、商品流通及物流配送等环节产生的数据进行加密处理，通过区块链交易写入区块链账本，将交易地址与商品唯一码进行绑定后映射到数据库存储系统，可关联更多非链上的商品信息。对商品追溯数据进行查询时，可从追溯系统的数据库中查询区块链地址并根据地址信息从对应区块中进行获取和展示。

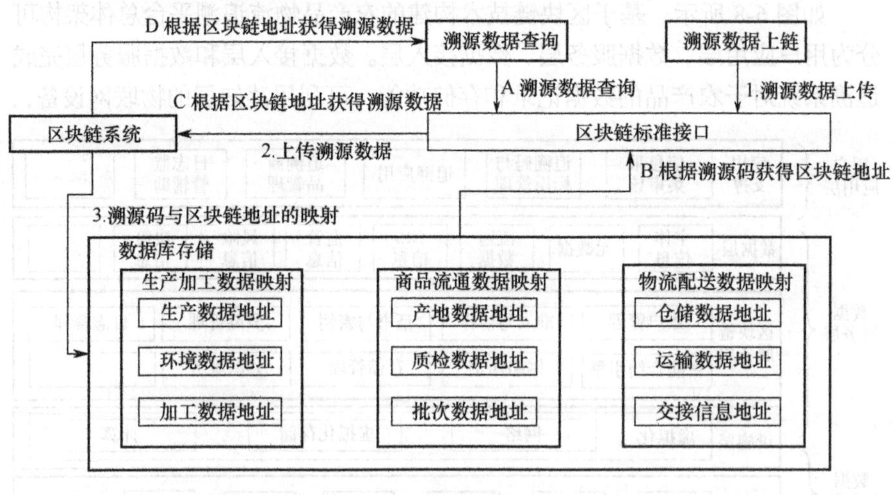

图 6-9　农产品物流追溯信息存储与查询过程

数据使用时，消费者只需要通过手机 App 识别商品唯一码，即可获取商品生产加工、物流配送、检验检测结果、商品交易等流转信息。商品唯一码结合“明码+暗码”的方式，确保商品一物一码。

3. 应用治理情况

农产品物流追溯平台基于联盟链技术开发，可根据包括生产加工方、物流配送方、品牌商等业务参与方的实际情况创建组织节点，同时可以为不同组织下的所有参与方，包括生产员、物联网设备、打包员、出库员、配送员、收货人等进行身份登记作为从节点。主节点拥有参与共识和记账的权利，从节点通过主节点的认证实现与区块链账本的交互，所有参与方都必须通过业务系统的认证，确保整个农产品追溯区块链网络是基于参与方的可信身份登记和认证服务组建的，如图 6-10 所示。从节点发送的身份验证请求携带有该从节点的身份信息，通过身份验证后主节点针对从节点上传的追溯信息生成数字指纹，连同相应的时间戳写入区块链中，并在所有从节点中广播该交易，各节点按照农产品在物理空间的传送路径依次将自身产生的农产品溯源信息，以及物流状态通过主节点写入区块链账本。在农产品签收环节，主节点会验证收货人身份，验证通过后，主节点会触发签收合约，并将签收信息及收货状态写入区块链账本。

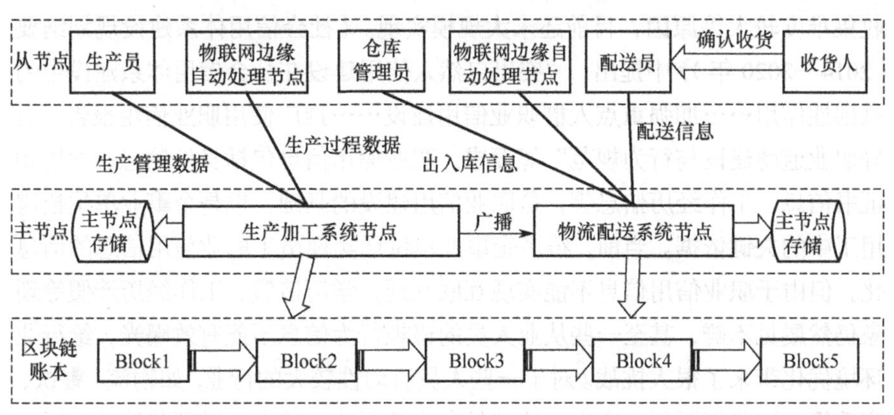

图 6-10 农产品物流追溯参与节点交互过程

通过将区块链技术应用于农产品追溯场景，利用区块链的防篡改特点保证农产品追溯信息的真实性与状态的可追溯性，能够实现快速、高效的追溯信息保存与状态信息更新，可以满足供应链物流实时性的要求。

4. 应用总结与展望

农产品物流追溯服务平台的核心是建立一个低成本、高信任的供应链物流协同环境，创建一种新的协同效应。相对于传统、封闭、线性的供应链物流管理体制，农产品物流追溯服务平台采用一种多角色、大规模、实时的社会化协作的方式，基于可信农产品供应链物流协同网络来创造新的价值，实现从信息传递到信用传递，再到价值传递的升级，进而实现更大范围的社会化协同，即把产业链中更广泛的参与者低成本地纳入这一高信任的网络中来，再通过增加互动的广度、深度和密度，逐步提升协同效应，促进农产品供应链物流应用模式的创新。

6.4.4 物流征信评级

1. 应用概况

近年来，社会信用体系在提升政府管理和服务水平、维护市场经济秩序、防范金融风险等方面发挥着越来越重要的作用。国务院于 2014 年出台《社会信用体系建设规划纲要（2014—2020 年）》，其中明确了信用信息共享等有关要求。目前，围绕企业等社会组织信用的相关信用平台和机制建设已取得积极成效。相对而言，自然人信用特别是职业信用，由于信息来源分散，收集难度较大等原因，目前还未大规模实现。《社会信用体系建设规划纲要（2014—2020 年）》中提出，“突出自然人信用建设在社会信用体系建设中的基础性作用……加强重点人群职业信用建设……推广使用职业信用报告，引导职业道德建设与行为规范”等要求。职业信用信息包括身份信息、学历和证书信息、工作经历信息等，是职业信用建设的基础，也是企事业单位招聘用工中的关键依据。当前，很多企事业单位已实现员工职业信用信息的信息化，但由于职业信用信息不能实现互联互通，学历造假、工作经历造假等现象仍然屡见不鲜，甚至一些从业人员的违规行为信息不能有效曝光，给行业环境优化带来了很大挑战。对于一些人员流动性较大的行业，如物流、餐饮、家政等，这些问题更为突出。特别是在物流行业，其上下游环节涉及承运司机、大件安装工程师、安维工程师等从业人员，这些人员通常需要经过培训，且考核通过后才能上岗。然而，目前物流行业在职业管理和信用信息方面较为分散化，存在背书内容不全、信用数据使用范围受限、信用数据不准确等问题，同时，从业人员评级规则和评级结果仅在特定企业内部使用，行业内

缺乏统一的评级标准。

区块链作为一种建立在多方共识基础上的防伪造、防篡改、可追溯的数据库技术，在技术层面可以保证在有效保护数据隐私的基础上实现有限度、可管控的信用数据共享和验证，可以通过联合物流生态企业共同建立区块链征信联盟，搭建联合数字身份管理机构、高校、用人单位等多方的联盟链，积累可信交易数据，为职业信用信息共享和流通提供有效手段。同时，可结合电子签名、隐私计算等技术保障从业人员的个人隐私，实现职业信用信息高度共享和有效使用，还可结合构建物流从业者的信用评级标准，真正形成以数据信用为主体来构建整个物流信用生态。

如图 6-11 所示，参与方作为区块链节点加入网络，既作为数据提供方，也作为数据使用方，各商家的原始数据均保存在各自的中心数据库，只从中提取少量非敏感摘要信息，保存在区块链中。当某一商家对另一商家的信用数据有查询需求时，首先查询自己所在节点中公开透明的摘要信息，通过区块链转发查询请求到数据提供方。数据提供方在获得工程师授权，并收到数据查询方支付的费用后，从自己本地的数据库中提取详细的明文信息给查询方。

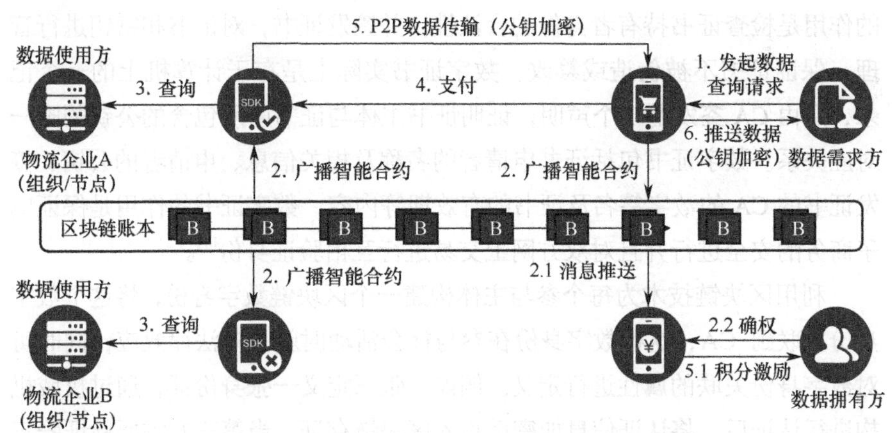

图 6-11　基于区块链的信用评级数据查询方法

此外，区块链技术的自治性还可以用于促进物流行业建立信用评级标准。数据信用建立的前提是有一套行业征信评级标准，物流行业信用评级标准需要行业内的企业共同参与。可以通过智能合约编写评级算法，并发布到联盟链中，利用账本上真实的交易数据计算评级结果，使系统在无须人为干预的情况下自动执行评级程序，基于联盟节点之间协调一致的规范和协议，使整个系统中的所有节点都能在信任的环境中自由、安全地交换数据。征信评级标准化如图 6-12 所示。

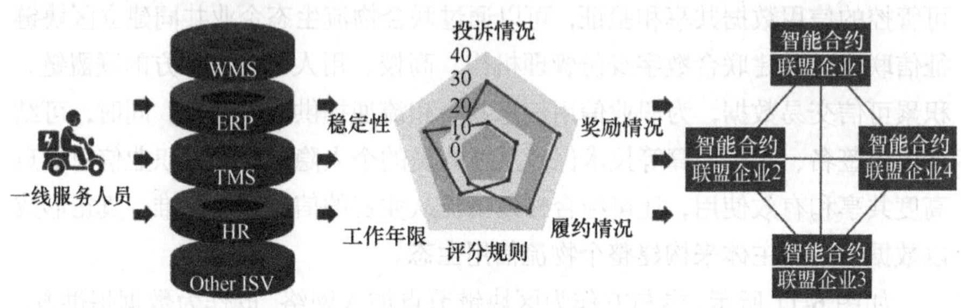

图 6-12　征信评级标准化

2. 应用技术选择情况

作为合法、权威的第三方电子认证服务机构，CA 可以通过为个人、企事业单位和政府机构认证、签发、管理数字证书，确认电子商务活动中各主体的身份，并通过加解密策略来实现网上安全的信息交换与安全交易。CA 的作用是检查证书持有者身份的合法性，并签发证书，对证书和密钥进行管理，保证证书不被伪造或篡改。数字证书实际上是存于计算机上的一个记录，是由 CA 签发的一个声明，证明证书主体与证书中所包含的公钥的唯一对应关系。数字证书包括证书申请者的名称及相关信息、申请者的公钥、签发证书的 CA 的数字签名及证书的有效期等内容，数字证书的作用是保证电子商务的安全进行并且对双方网上交易进行互相验证身份[9]。

利用区块链技术为每个参与主体构建一个区块链数字身份，将这个数字身份关联到 CA，这样数字身份在参与社会活动时就具备法律效应，同时可对数字身份关联的属性进行定义。例如，张三定义一张身份证，通过权威机构进行认证后，将认证信息加密后写入区块链存证，当第三方需要验证张三身份时可以通过授权的方式进行验证。同样地，物流一线服务人员也可以通过这种方式来建立带有行业属性的身份凭证，从而实现在保护个人数据隐私的前提下，实现身份的去中心化验证。

区块链具有去中心化、防篡改、可追溯、开放和匿名等特性，在技术层面保证了可以在保护数据隐私的基础上实现有限度、可管控的信用数据共享和验证。详细的服务记录原始数据均保存在企业的私有数据库中，数据上链

时，从数据库中提取少量摘要信息，主要包括工程师编号、总体评级、评价等，通过区块链广播，保存在区块链中。详细的服务记录和物流服务人员联系方式等信息只把内容的哈希值提取上链，具体内容不上链，这样可以充分保护服务商的核心数据资产及工程师的个人隐私信息。

3. 应用治理情况

区块链只能保证数据不被篡改，如果上链的数据因为利益问题被人为操纵作假了，将破坏所有参与方对联盟链的信任，如何从源头保证数据的真实性，对整个联盟链生态的建立至关重要。针对此问题，在邀请行业内的物流服务商和大件安装维护服务商加盟时，需签署联盟加盟协议，保证在收到其他服务商有授权、有付费的查询请求后，提供真实和客观的数据，并且区块链还将永久记录所有数据交易的评价信息，促进联盟生态的良性发展。同时，通过邀请一些金融机构和政府机构加盟，在获得物流服务人员授权后，可方便地查询物流服务人员的金融评级信用数据和是否有犯罪记录等可信的第三方数据。这些来自不同参与方的数据经综合验证后，可以尽可能客观地反映物流服务人员的信用状况。联盟链发起方和所有参与方的地位也是平等的，不存在利用平台收集其他服务商数据的问题，这也充分体现了区块链去中心化和开放的特征。

4. 应用总结与展望

基于区块链的物流征信信息平台，可以为供应链参与方（个体、组织、智能设备）提供多角色的分布式可信身份服务，并且基于国家/行业/团体联盟的信用评级标准，构建物流快递信用评级体系和个人征信类数据资产，并在区块链网络进行确权流通，实现数字经济的价值链超越单个公司的边界而演变成一个价值网络。通过区块链的应用，助力物流行业的信用体系建设，让客户自主选择放心的服务人员，让企业留用能力更强、职业道德更高的职员，也让综合素质更好的服务人员有用武之地，提升一线的服务质量。未来，还将通过联合征信协会、物流+区块链技术应用联盟的企业共建行业标准，基于区块链技术搭建去中心化的可信服务体系，构建诚信阳光的物流供应链协同环境。

参考文献

[1] 马世韬，丁伟. 区块链在物流行业的发展趋势和IBM的布局[J]. 物流技术与应用, 2018(9): 158-161.

[2] Maersk.Logistics' Digital Revolution: The Transformation of Data and Technology in Supply Chain Logistics[EB/OL].[2021-01-28].https://www.maersk.com/～/media_sc9/maersk/solutions/technology-and-electronics/files/maersk-logistics-digital-revolution.pdf.

[3] 宋伯慧. 基于大物流要素理论的物流系统研究[D]. 北京：北京交通大学, 2013.

[4] DHL, Accenture. Blockchain in logistics: Perspectives on the upcoming impact of blockchain technology and use cases for the logistics industry[EB/OL].[2021-01-28]. https://www.dhl.com/content/dam/dhl/global/core/documents/pdf/glo-core-blockchain-trend-report.pdf.

[5] PwC. Blockchain in Logistics[EB/OL]. [2021-01-29]. https://www.pwc.de/de/strategie-organisation-prozesse-systeme/blockchain-in-logistics.pdf.

[6] 全国物流标准化技术委员会. 物流单证基本要求: GB/T 33449-2016[S]. 北京：中国标准出版社, 2017.

[7] 全国物流标准化技术委员会. 物流单证分类与编码：GB/T 29184-2012[S]. 北京：中国标准出版社, 2012.

[8] 丁晓. 区块链存证证据认证问题研究[D]. 泉州：华侨大学, 2019.

[9] 蔡虹，夏先华. 电子签名证据真实性的多维检视：保真、鉴真与证明[J]. 湖南社会科学, 2019(5): 61-70.

第7章 区块链与政务服务

7.1 应用领域概述

近几年来，数字经济产业生态逐步壮大。围绕数字产业化和产业数字化的发展逐渐步入发展快车道，全国各地依托数字经济规模在生产总值中的比重在加大，各地在加速建立新技术产业聚集区[1]。例如，成都天府新区鲲鹏生态聚集区，计划 2025 年实现产业规模超过 500 亿元；同时实现以北京、长三角、广东为主的三大人工智能产业聚集区。同时，数字政府建设全面提速。数据资源整合共享在加快，自 2018 年下半年起我国加快电子证照的推广和使用，解决证照分离的产业问题。以电子证照实现政务服务的数字化改革、政务一体化发展成为数字政府的发展方向[2]，并且数字社会服务全面升级也在加速落地。围绕数字社会保障民生服务体验的改善在加强。政务服务是便民服务应用的根本之一，以“零跑腿”公共服务为典型代表，内容涵盖就业创业、社会保险、人才服务、劳动维权等人社各领域业务。

区块链在政务领域的应用可以分为四类：一是数据共享类。采用区块链技术，政府部门可放心地授权相关方访问数据，并对数据调用行为进行记录，出现数据泄露事件时能有效、精准追责，由此为跨级别、跨部门的数据互联互通提供可信环境，提升政务服务的效率。在数字政府中应用区块链技术，将保证政务信息的公开和透明，促进政务数据开放共享。通过对区块链中各个节点及区块的记录信息进行查询，可以极大地促进政务工作公开透明，完善政务监督机制。政务数据可信共享可应用在土地登记和交易上，任何人都可以直接查询记录在区块链上的土地位置、大小、权属、交易记录等信息，可以促进土地交易信息开放共享，有效规避公职人员的寻租现象。也可通过区块链技术构建数字票据交易平台，使链上清算方案能实现数字票据全生命周期的登记流转交易和票款兑付结算功能。二是政务信息的证明类应用。基于区块链技术的企业和公民原始信息存储机制，无法修改其中的信息记录，只能增加新的记录。因此，企业和公民的原始信息具有不可变更性，极大地保护了企业和公民的信息安全。同时，区块链技术确保数据一经确立则不可更改、删除，保证了司法举证的有效性、身份信息的唯一性和合同的难以篡改性。此外，各个参与方可以通过区块链直接验证存储在“数字政府”系统中的个人和企业信息，避免通过第三方信任机构，将显著提高政务工作效率。例如，证明数字身份的电子身份证（Electronic Identity）[3]、电子证照的应用，通过区块链加速证照分离，实现有营业执照而无经营许可证的问题解决；证书的溯源类应用，如结婚证、学位证、毕业证、房产证等证件类的真伪性查询证明，从发证开始到任何时间的使用的跟踪管理。三是行政审批和管理类应用。此类应用如高考准考证审核下发应用，以及公检法的电子数据证据的取证、存证、认证、示证、质证的一条龙管理和审核应用，从而保证此类应用依托区块链形成安全可信的流程管理，提升政务服务效率，简化成本，同时增强政务的公信力。四是政务监管职责类应用。区块链的可追溯性优势对于监管模式创新、提升政府公信力均具有重要意义。在“数字政府”的监管平台中应用区块链技术，将被监管对象的所有信息都记录在案，能够准确、高效地监测和追溯监管对象的实时状况。一旦被监管对象出现问题，可以利用区块链技术进行问题溯源，极大地提高了监管的有效性和监管效率，降低了监管成本。例如，在政府的食品安全平台中应用区块链技术，将食品的生产、运输和销售等每个环节的信息都记录到区块链中，消费者可以随时查询验证食品质量问题和进行问题追溯，从而极大地提高了问题食品的溯源效果，提升了居民生活质量。

在政务服务中，信息共享是建设数字政务的前提，然而我国的数字政务建设长期存在“各自为政、条块分割、烟囱林立、信息孤岛”等问题。出于数据安全因素的考虑，数字政务体系内各个政府部门之间信息孤岛非常严重，数据共享在现实情况下往往难以推进。同时，数字政务发展过程中也同样面临着电子数据易被篡改，且没有时间标识的问题，其完整性和真实性急需可靠的技术验证手段。并且电子数据的复制成本几乎为零，这使得电子数据容易发生泄露，与传统载体相比，互联网间接提升了电子数据泄露的风险；同时信息化的快速发展使数字政务不只满足于传统的专网环境，在互联

网环境下如何保障政务数据的可信传递成为政务服务的关键问题[4]。

区块链技术具有去中介化、防篡改、可追溯、具备强的加密能力等特点，正好契合政务服务对于数据流通安全性和可信性的需求，通过共识机制构建一个多方参与的信任网络，进一步实现互联网与政务的深度融合，优化政府业务流程，使政务公开真正走向阳光、透明、可信。区块链有助于建立对数据流通的信任机制。在传统的集中式数据库中，一个实体部门通常负责收集、保护和共享信息，而分布式的区块链节点能够帮助各部门在不依赖第三方的情况下，在数据传输过程中对数据的真实性、原始性进行验证，从而确保数据传输的可信关系。同时，区块链可以创建可信任的信息审计跟踪，实时记录数据的位置、用途、访问者等，极大地提高数据处理和流程的透明度，并且在政府环境中防止信息的滥用或伪造，实现有效监管。区块链可提升服务效率并降低信息系统运营成本。区块链通过智能合约预先约定数据自动化处理流程，在网络数据交互中有利于提升工作效率。其自动化的分布式结构，在节省数据处理成本、减少运营负担的同时，可以提高系统的健壮性。各部门业务数据同步不需要再全量向中心化数据交换系统进行冗余复制，既减少了各部门的工作量，又在具体跨部门业务发生之前保护了部门间的数据隐私，也减少了信息化服务中心对中心化系统的维护负担。区块链可同步实现信息共享和数据隐私保护。通过区块链来构建相关的部门联盟，利用区块链数据的可信性来实现数据共享，借助区块链的加密来实现隐私安全的保障，从而实现数据的全面归集，做到权责分离。根据系统的设计方式，管理员可以开发复杂的许可方案，在多方参与的情况下控制谁可以访问哪些类型的信息，哪些信息可以由谁共享等，即允许政府部门对访问方和访问数据进行自主授权，实现数据加密可控，实时共享。

基于区块链技术优势，将政务数据基于区块链进行可信共享交换，实现数据权属分离，推动政务数据跨部门、跨区域共享，促进业务协同办理，打通不同行业、地域监管机构间的信息壁垒，优化“最多跑一次”服务水平；利用区块链中的数据存证、共识机制、智能合约，打造透明可信任、高效低成本的行政监管体系，构建事前存证、数据共享、联动协同的智能化机制，从而优化行政监管、城市管理、应急保障的流程，提升治理效能；区块链在市场监督、行政执法、审计等场景落地，为企业和群众提供优质、高效、便捷的移动政务服务。

7.2 应用发展态势

目前来看，区块链在全球各国的政务服务主要体现为实现完全无纸化的数字政府，以及最小化的腐败程度。欧盟委员会联合研究中心（JRC）于 2019 年发布的《数字政府中的区块链》[5]认为，目前区块链技术对于公共部门来说还没有表现出颠覆性或变革性，也没有看到新的商业模式或新的服务，其主要发挥了基于记录保存技术升级的效率改进作用，未来将在政府机构的政策设计、监管监督及与公众互动等更多方面发挥作用。目前，除南极洲以外，地球上其他六大洲的政府公共部门都开始了区块链试点项目。例如，美国国土安全部（United States Department of Homeland Security）、美国卫生与公众服务部（United States Department of Health and Human Services）、美国食品药品监督管理局（United States Food and Drug Administration）将区块链技术应用于防伪；格鲁吉亚将区块链技术应用于土地所有权登记；瑞士将区块链技术应用于去中心化身份管理；爱沙尼亚和迪拜将区块链技术应用于数字政府建设；印度将区块链技术应用于付款和土地注册；丹麦将区块链技术应用于投票；直布罗陀将区块链技术应用于证券交易所等。

政府和公共服务领域区块链实践图谱如图 7-1 所示，目前政务服务领域较受关注的区块链应用主要涵盖以下 4 个方向。

1. 身份证明和身份管理

大多数政府文件很容易被伪造。例如，美国许多高中生都有伪造的驾驶执照，通过篡改年龄，出入酒吧等未成年不得进入的场所。在很多间谍电影中，也经常会出现伪造护照、冒充别人的桥段。而区块链技术恰恰能够帮助解决身份认证错误问题。例如，ID2020 作为政府、非政府组织和私营机构的联盟，旨在帮助人们确定身份以获得医疗保健、教育等基本服务。芬兰政府和联合国世界粮食计划署（UNWFP）均启动了向难民提供数字身份的区块链计划。在美国，得克萨斯州的奥斯丁市和纽约的布朗克斯市也利用区块链解决流浪人口的身份问题，使他们能更轻松地得到食品储藏室、庇护所和银行的服务。

2. 政府信息记录

政府记录的其他重要信息易被篡改和伪造。例如，个人信息（婚姻、离

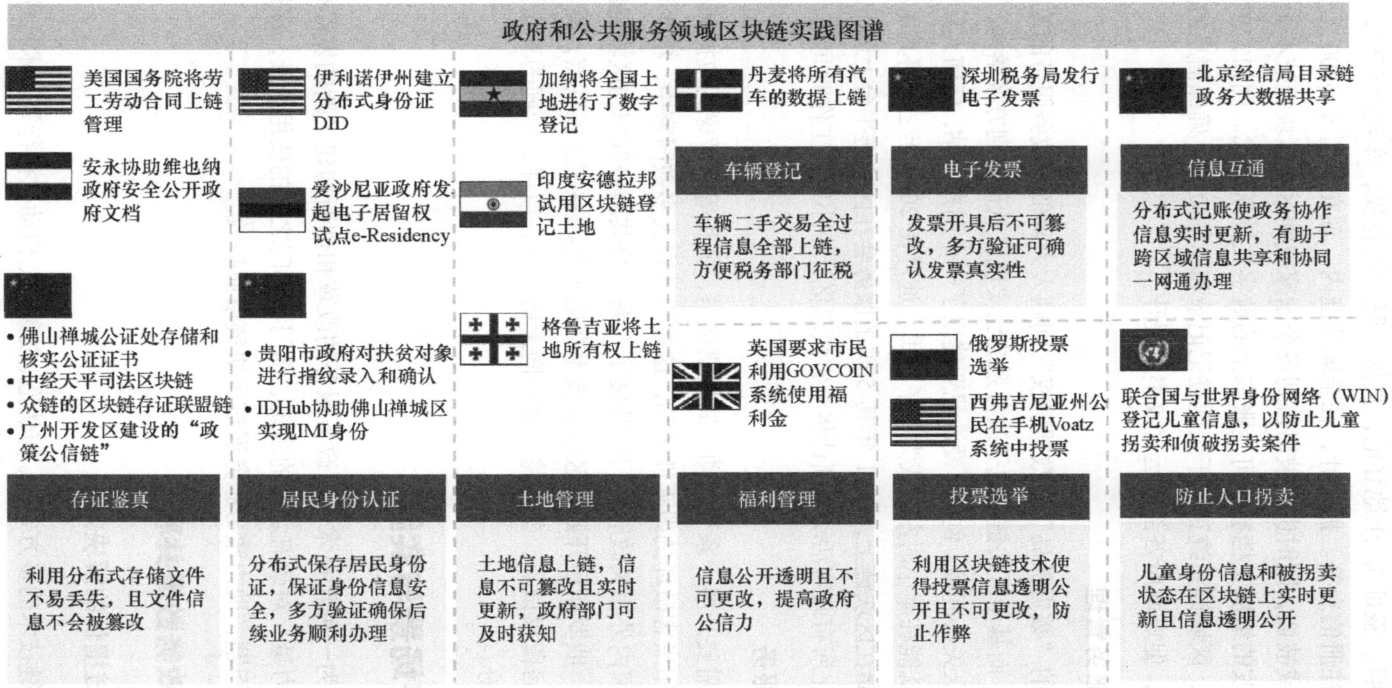

政府和公共服务领域区块链实践图谱

存证鉴真

- 美国国务院将劳工劳动合同上链管理
- 安永协助维也纳政府安全公开政府文档
- 佛山禅城公证处存储和核实公证证书
- 中经天平司法区块链
- 众链的区块链存证联盟链
- 广州开发区建设的“政策公信链”

利用分布式存储文件不易丢失，且文件信息不会被篡改

居民身份认证

- 伊利诺伊州建立分布式身份证DID
- 爱沙尼亚政府发起电子居留权试点e-Residency
- 贵阳市政府对扶贫对象进行指纹录入和确认
- IDHub协助佛山禅城区实现IMI身份

分布式保存居民身份证，保证身份信息安全，多方验证确保后续业务顺利办理

土地管理

- 加纳将全国土地进行了数字登记
- 印度安德拉邦试用区块链登记土地
- 格鲁吉亚将土地所有权上链

土地信息上链，信息不可篡改且实时更新，政府部门可及时获知

车辆登记

- 丹麦将所有汽车的数据上链

车辆二手交易全过程信息全部上链，方便税务部门征税

福利管理

- 英国要求市民利用GOVCOIN系统使用福利金

信息公开透明且不可更改，提高政府公信力

电子发票

- 深圳税务局发行电子发票

发票开具后不可篡改，多方验证可确认发票真实性

投票选举

- 俄罗斯投票选举
- 西弗吉尼亚州公民在手机Voatz系统中投票

利用区块链技术使得投票信息透明公开且不可更改，防止作弊

信息互通

- 北京经信局目录链政务大数据共享

分布式记账使政务协作信息实时更新，有助于跨区域信息共享和协同一网通办理

防止人口拐卖

- 联合国与世界身份网络（WIN）登记儿童信息，以防止儿童拐卖和侦破拐卖案件

儿童身份信息和被拐卖状态在区块链上实时更新且信息透明公开

图 7-1　政府和公共服务领域区块链实践图谱

婚、死亡、护照、签证），土地登记，契据，财产所有权，车辆所有权，车辆登记及公司注册信息等。据统计，在全球范围内，现在有超过 5000 万份旅行证件丢失或被盗，同时也正被出售到各个国家或地区。区块链技术能让易丢失、易篡改的纸质文档被不可变账本上的数字文档所取代。例如，在印度的安得拉邦，区块链系统正用于土地登记记录和车辆登记，确保信息的真实性和安全性，促进政府各部门运营效率的提升。

3. 公民服务管理

传统政府的“数据孤岛”“数据确权”问题大大降低了政务服务的效率和公民满意度。而基于区块链的电子政务系统已实现了从理论到方案落地，可以解决当前公众关心问题。例如，爱沙尼亚建设了一个门户网站，任何人只要花费 100 欧元就能在半小时左右成为电子居民。迪拜在 2020 年之前将其所有政府文件都存储在区块链上，2021 年其 50%的服务会在区块链平台上运行。这些系统将简化所有政府活动，预计将节省数以亿计个小时的工作时间。

4. 政府服务

政府通常需要开展一系列活动，如投票选举、征税等。考虑到数据储存的安全性要求和黑客破坏的毁灭性影响，这些活动在大多数国家中，很少可以在线进行。国内外相关政府部门已开展了一系列公共服务领域的区块链应用实践，例如，俄罗斯已开始了区块链技术在电子投票系统上的试点，爱沙尼亚发起电子居留权试点，美国将劳动合同上链管理，以保证合同的真实性并及时处理纠纷。

7.3 应用场景与实践

区块链作为一种新技术，为政务服务的改革和创新构建了新的发展机遇。依托技术力量，对政府之间的系统、部门和部门之间的使用场景，深挖其存在的产业问题，助力政务服务通过区块链增质提效。

7.3.1 政务数据共享

1. 区块链提供的解决方案

利用区块链技术的多方共识、防伪造、防篡改、自动化执行等技术特性，可以有效提升政务数据共享水平，实现政务数据共享交换、使用过程等信息

上链，建立政务数据加密传输、授权使用、全程可溯和动态更新的安全共享机制，形成政务数据共享信任体系，消除部门数据壁垒，推进部门间数据精准调用和按需共享，实现跨层级、跨地域、跨系统、跨部门、跨业务的数据调度能力。

政务数据共享是基于区块链技术与理念打造的，由软件与对应的管理办法组成的整体解决方案。通过分布式存储保证在政府各个委办局节点看到的权限管理目录可靠可信，且数据是可实现共享及跟踪的，任何一个节点的修改会快速同步到全部节点。通过防篡改保证政务数据权限管理系统上链后共享范围、对接的系统都无法独立修改，基于共识与智能合约的控制，在多方协同的情况下完成业务的变更，达到保证数据权限管理目录全面可靠。通过智能合约将传统大数据交换的行为固化成自动运行的软件逻辑，以区块链实现政务数据共享，驱动共享交换，把所有操作行为、访问行为都记录在区块链中，为后续的业务考核、数据溯源提供真实可靠的数据源。在此基础上完成政务数据权限管理链驱动探针进行数据库的探测、抽取和接口封装，使原有大规模数据交换演进为按需数据抽取，并可在此基础上驱动可信数据交换（沙箱），实现大规模数据建模时的“可用不可得”。

1）应用价值

在政务数据共享中存在数据未落地、数据交换与数据权限管理系统脱节、数据共享和开放不全面等问题。为进一步提升数据管理效率，通过引入区块链理念，构建政务数据共享体系，将各部门数据权限管理要求和关键数据“上链”锁定，实现对政务数据的逻辑管控。

- 解决数据权限管理中，权限列表与数据“两张皮”、权限列表的变更和数据共享授权随意等“老大难”问题，形成数据和系统的一套“家底”。
- 从城市级的管理层面开展自我革命，通过区块链实现共享交换体系技术架构的重构与升级，解决“聚”和“通”的关系，并实现“聚”和“通”在不同历史时期的动态调整。
- 通过定向开放、特区开放、完全开放等形式，与城市服务业扩大开放工作有机结合，发挥大数据在促进产业带动、优化服务民生等方面的先导支撑作用，提升大数据的社会效益。
- 通过技术体系变革，明确市级政务部门未上链的信息系统，不得申请运维或升级改造费用，促进政务数据的新模式改变。

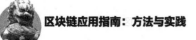

2）应用思路

基于数据共享的数据权限管理区块链的应用思路是：由政务部门形成一套完整、唯一的部门数据权限管理平台，政府机构平台提供统一的数据权限管理界面（注册、查询等）及管理工具。在政务数据共享中的应用需要以区块链的数据权限管理平台为基础，既要保证对原有系统的兼容性，同时又要方便在新建应用中快速部署和应用。因此，可有效实现对传统系统与新系统平台间的无缝衔接。基于数据共享的数据权限管理链及数据交换架构如图 7-2 所示。

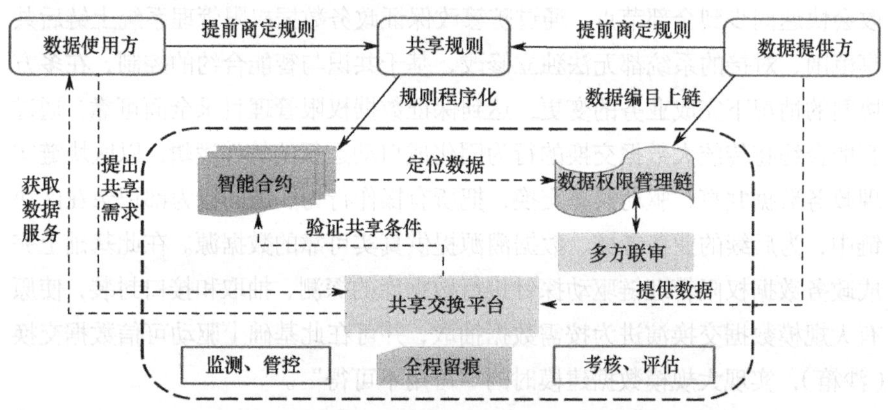

图 7-2　基于数据共享的数据权限管理链及数据交换架构

3）技术关注点

一是关注以安全为核心的区块链端到端能力构建。基于区块链围绕政务服务建立联盟链需在以安全为先的原则下兼顾性能要求。政务数据是所有政务服务应用的根本，也是政务资源的核心。因此，对于数据从上链到应用要完全保障数据的安全性，要具备端到端的安全保障能力。采用拜占庭容错（Practical Byzantine Fault Tolerance，PBFT）算法，可以在保证区块链高效的同时，实现部分节点故障情况下系统的稳定性，同时区块链平台要保证智能合约安全、交易安全、身份管理安全及数据加密安全。在网络上，优化 P2P 算法与交易流程，解决大规模节点上线时对网络的诉求与冲击；在硬件上，围绕国产硬件芯片（如华为鲲鹏等）构建软硬结合的可信区块链环境，支持高效共识与数据安全访问，从整体上增强软硬件的自主可控能力，作为区块链的技术保障。

二是通过探针技术实现数据的收集。由于区块链不能实现互联网的大数据传输能力，因此，需要就公有云或混合云建立数据交换平台，并在平台中

应用数据探针技术，通过数据探针完成应用和数据的集成。数据交换平台可以实现服务集成、数据集成、设备集成、消息集成全连接，支撑数据、服务、资源的协同，实现数据在政务部门之间、政务部门与企业之间的互通。通过在数据权限管理链上叠加探针平台，完成数据权限管理链对探针操作的触发与管理，可以实现在数据确权的前提下对数据进行实时开放。

三是可考虑通过可信数据交换（沙箱）技术，将政务数据与企业数据打通，助力数据多跑路而人员少跑路的目标。通过在数据权限管理链上叠加探针平台、沙箱技术，完成对数据使用的“可用不可得”“阅后即焚”，并对算子、算力、数据流动进行实时记录上链，方便数据溯源。

2. 应用案例：北京市政务数据管理目录区块链项目

北京市利用华为区块链技术将全市 53 个部门的职责、目录及数据联结在一起，形成目录区块链系统，为北京市大数据的汇聚共享、优化营商环境提供支撑。该系统于 2019 年 10 月在全国上线且依托目录区块链开启数据共享流程。

通过目录区块链将部门间的共享关系和流程上链锁定，建构起数据共享的新规则，解决了数据流转随意、业务协同无序等问题。所有的数据共享、业务协同行为在“链”上共建共管，没有数据的职责目录会被调整，而未上链的系统将被关停，建立起部门业务、数据、履职的全新“闭环”。

北京市利用目录区块链开展“数据专区”探索，目的就是针对金融、医疗、交通、教育等数据热点需求领域，推进政府数据的社会化利用。例如，北京市水务局对北京市规划和自然资源委员会的“建设用地规划许可证”和“建设工程规划许可证”两项数据的共享，从申请、授权、确认、共享到最后的使用等各环节均在“目录区块链”管控下自动执行，整个流程在 10 分钟内即可全部完成。同时，借助目录区块链调度下的全市各部门数据有序运转能力，通过“链”上数据可信共享，从而实现实时调用公安、民政等多个部门的户籍人口、社会组织等标准数据接口，实现了减材料、减流程、减时间。

北京市目录区块链解决方案如图 7-3 所示。

该系统的优势和创新之处包括：

- 基于区块链的信息资源编目系统。利用区块链技术构建联盟链解决方案，解决信息资源编目系统中性能、资源消耗、部署等一系列问题，并且根据政务安全要求，增加国密算法，确保数据加密的安全有效。

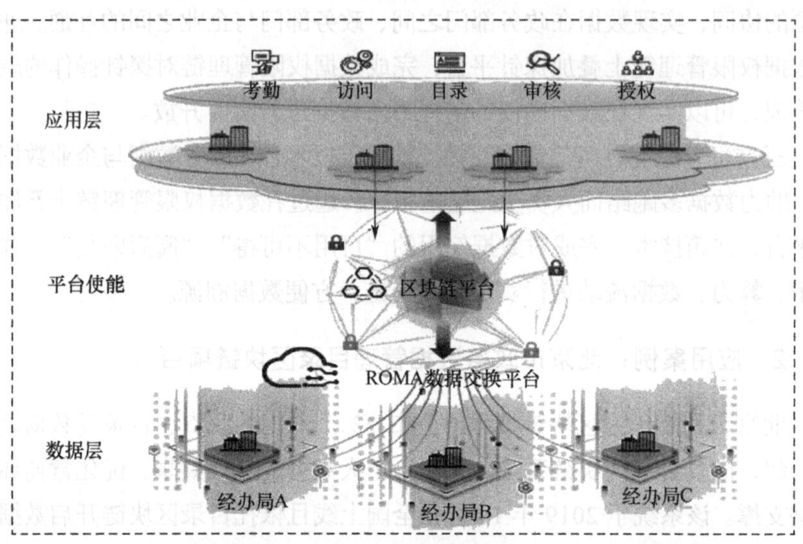

图 7-3　北京市目录区块链解决方案

- 基于 ROMA 平台的数据探针技术。整体方案中数据探针基于华为 ROMA 平台，完成应用和数据的集成。
- 通过可信数据交换（沙箱）技术，实现对数据的清洗，既保证原始数据的隐私性，同时又能加大政企的数据共享及使用范围。

在建设方案上，各单位按照五级目录结构，在已有“家底”的基础上进行更新和完善，形成一套完整、唯一的部门目录，其中市级平台提供统一的目录管理界面（注册、查询等）及编目工具。这样大部分单位可以直接利用前期目录梳理、系统整合、规划备案、入云搬迁等已有基础，不用再重新梳理。而部分没有基础（或已发生较大变化）的单位，可以利用新的编目工具从数据库中直接提取原始目录作为初步“家底”。

在推进信息共享应用方面，基于北京市相关文件的要求，凡是能够通过共享获取的数据不能自行采集。目录区块链系统通过各业务部门采集梳理的数据结构进行内部比对和“血缘”分析，而对可以通过共享获取的，需对用户和信息化管理部门给予提示，并通过目录区块链系统建立电子化协议的方式，业务部门可基于目录上的共享需求进行协议签署，保障目录的充分利用。

为确保目录"鲜活"，采用技术抓取手段与业务梳理手段相结合的方式。目录区块链系统自动对用户数据库或业务系统数据结构等信息进行抓取，并通过系统给用户一个直观展现，辅助用户对信息资源结构进行中文名称等关键要素的编辑。目录区块链系统还支持对标准化数据字典的导入、导出，进一步为用户提供一个方便的技术手段。基于北京市相关要求，在信息系统进行项目审批及验收等阶段均对目录信息进行更新，以保证数据的实时性。

此外，北京市还建立了大数据目录考核评估体系，研究制定考核评估量化指标，以此引导全市各部门开展目录梳理工作。同时，考核结果纳入全市绩效考评体系。

7.3.2　电子证照

1. 区块链提供的解决方案

电子证照制证签发的过程是由每个委办局自己负责对本部门职责范围内的业务办理后同步签发电子证照[6]。大数据中心作为管理方和监控方，对各业务部门的电子证照数据可读，但本身自己不产生数据。如果大数据中心从其他业务部门采用归集方式同步电子证照，会带来业务部门和归集部门（大数据中心）电子证照数据不一致的风险。而且大数据中心归集的电子证照数据，没有法律效力，只能查阅参考，不能支撑跨部门协同政务事项办理的依职能用证的要求。

通过区块链技术实现电子证照管理，推动多种电子证照上链，结合丰富授权用证方式，办理高频政务服务事项，可以助力深化政务服务"简易办"改革，推进申请服务事项全程电子化审批、工程项目并联审批和税务事项在线办理，加快实现"一网通办"的目标。如图 7-4 所示，将区块链技术应用于电子证照数据共享，为跨地区、跨部门和跨层级的数据交换和信息共享提供了可能，有利于建立委办局之间的信任和共识，在确保数据安全的同时促进政府数据跨界共享。此外，还提升了政务服务的整合力度，真正实现"数据跑路"取代"人跑腿"，提升了群众的获得感和满意度。

区块链电子证照与传统方式下共享交换归集各个政务部门的电子证照的区别在于：区块链电子证照是根据事项办理驱动的，共享的照片或数据是与该事项相关的部门的电子证照数据，不是全量的数据；以区块链的方式共享的电子证照数据是最"鲜活"、最准确的，是业务部门在业务办结时同步生成的数据，数据生成即共享。大数据中心可以基于区块链节点上的最"鲜活”的数据，建立电子证照库[7]，并且以这种方式建立的电子证照库中的数据，是能被各委办局用到的实实在在的数据，而不是归集一堆用不起来的数据。例如，大数据中心归集的电子证照可以有效支撑政务事项办理和支撑综合人口库和综合法人库建设。

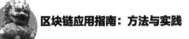

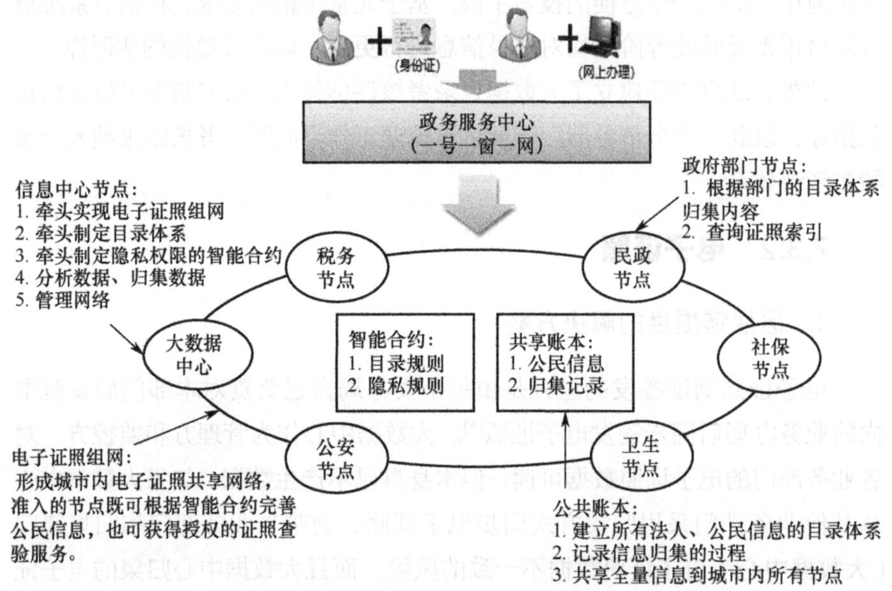

图 7-4　区块链技术让证照始于政府、用于政府、终于政府

2. 应用案例：××数字政府部门基于区块链的可信证照案例

目前，国内电子证照管理平台主要依托第三方认证机构建立中心数据库存储数据，采用集中化数据库来完成证照的制作、存储、信息查询和交换共享，数据访问和更新权限属于国家机关，虽然各部门可以共享，但是不能有效解决不同证件之间的信息壁垒和信息互通问题。

《国务院办公厅关于转发国家发展改革委等部门推进“互联网+政务服务”开展信息惠民试点实施方案的通知》(国办发〔2016〕23 号)[8]中指出，要以居民身份证号码作为唯一标识，建成电子证照库。电子证照有利于实现全网络、全流程的电子化闭环管理与应用，杜绝假证假照的泛滥，解决查验工作难的问题，减少社会成本与资源损耗。而在实践中，实现电子证照需要重点解决以下问题：一是确保电子证照来源真实可信；二是确保电子证照数据机密性与完整性；三是电子证照签发部门必须权威可靠，提高电子证照的法律效力；四是确保电子证照合法有效[9]。

如图 7-5 所示，基于区块链的电子证照平台的目标是：通过区块链技术实现政府部门对电子证照的统一存证、共享、管理，并实现各系统的互认互通；同时还能实现民用电子证照统一监管，并实现民用、政务证照之间的互认互通。在用户体验方面，平台的用户一次上传认证即可跨区域、跨部门地多次使用，让公众随时随地查证、验证、制证、用证。并且，借助区块链账本防篡改、可追溯的特性，可以有效规避电子证照作假、信息修改的风险。

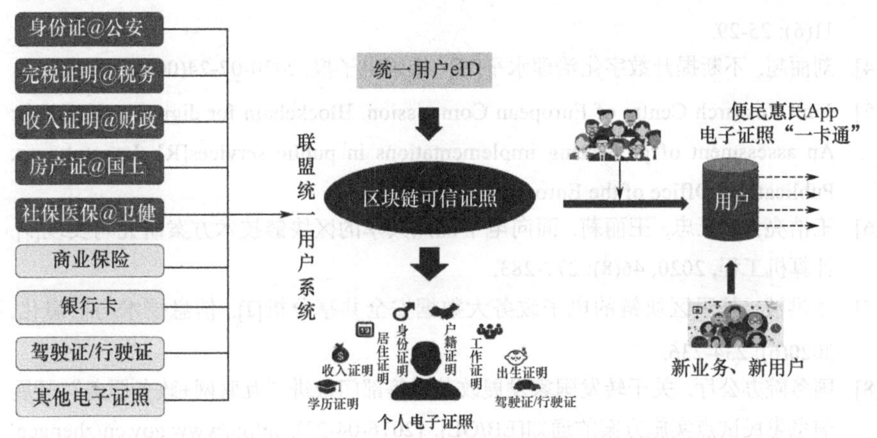

图 7-5　基于区块链的电子证照平台管理

在平台建设过程中，根据各级政府部门权力清单、责任清单实现电子证照目录化、标准化、电子化，形成政务电子证照目录，从而建立电子证照。在此基础上，按照分散、集中相结合的原则建设电子证照平台，实现基础证照信息的多元采集、互通共享、多方利用。此外，还支持民用电子证照接入和监管，支持政务电子证照和民用电子证照授权互访，发展电子证照应用生态。

通过平台的建设，最终实现实体登记和证照上链[10]。面对企业办理的电子证照由发证机构审核，生成电子证照，在不影响原有各部门发证业务办理系统的基础上，叠加区块链业务节点，将区块链业务节点部署在每个委办局机房和大数据管理中心，电子证照索引数据实时上链，但原始数据不上链，在保障原始数据安全的同时实现了证照的可信共享。查询用照时，可通过手机/PC App 客户端进行查验操作，查验操作记录保存在统一的管理中心。例如，查询设备证照通过 App 使用公安的户籍证照和人社的社保证照，利用大数据中心区块链业务节点，可统一检索到链上公安和人社部门的开放数据。查询人需要提供真实的身份证明，并由公安部门进行身份证照的核实。

参考文献

[1] 胡春江. 推进长三角电子政务一体化的突破口[N]. 学习时报, 2020-06-22(007).

[2] 何玲. 全国一体化政务服务平台框架初步形成[J]. 中国信用, 2020(6): 49.

[3] 崔久强, 吕尧, 王虎. 基于区块链的数字身份发展现状[J]. 网络空间安全, 2020, 11(6): 25-29.

[4] 刘丽超. 不断提升数字化治理水平[N]. 中国电子报, 2020-07-24(004).

[5] Joint Research Centre of European Commission. Blockchain for digital government: An assessment of pioneering implementations in public services[R]. Luxembourg: Publications Office of the European Union, 2019.

[6] 王浩亮, 廉玉忠, 王丽莉. 面向电子证照共享的区块链技术方案研究与实现[J]. 计算机工程, 2020, 46(8): 277-283.

[7] 张洪波. 基于区块链的电子政务大数据安全共享分析[J]. 信息技术与信息化, 2020(6): 234-236.

[8] 国务院办公厅. 关于转发国家发展改革委等部门推进"互联网+政务服务"开展信息惠民试点实施方案的通知[EB/OL]. [2016-04-23]. http://www.gov.cn/zhengce/content/2016-04/26/content_5068058.htm.

[9] 冒小乐. 基于区块链技术的电子数据存证系统[D]. 南京：南京邮电大学, 2019.

[10] 丁邡, 焦迪. 区块链技术在"数字政府"中的应用[J]. 中国经贸导刊(中), 2020(3): 6-7.

第8章

区块链与文化教育

随着互联网特别是移动互联网的发展，文化领域的数字出版已经形成较为完整的产业链，通过相关产业链网络作家可以获取可观的收入。但是目前数字版权并没有得到很好的保护，数字内容的盗版现象非常严重。区块链技术的出现为数字版权的保护带来契机。教育是社会发展中的基础工程，是孕育年轻人才和科学生产力的摇篮。在网络信息和大数据时代，教育领域在传承先进知识与思想的同时，也在不断应用先进技术，在教育设备、教育模式、教育系统、教育环境、教育资源等各方面都纷纷进行信息化改革，掀起了教育信息化的浪潮，同时为区块链技术在教育领域的应用发展提供了契机。区块链技术目前在文化教育领域的应用虽然仍处于起步阶段，但有着极大的潜在应用空间。

8.1 应用领域概述

在文化领域，社会经济的不断发展，使人们的消费从过去的注重物质消费，慢慢地转换到精神文化消费中。过去十年，我国文化产业保持平稳较快增长，文化产业结构持续优化，文化新业态发展势头强劲。2019 年 8 月，科技部等 6 个部门联合印发《关于促进文化和科技深度融合的指导意见》[1]，提出“加强文化共性关键技术研发、完善文化科技创新体系建设、加快文化科技成果产业化推广、促进内容生产和传播手段现代化、加强文化大数据体系建设”等重点发展目标，这些目标都离不开区块链技术的参与。

在教育领域，在线教育的发展推动了教育体系的发展变革，以 MOOC、微课为代表的在线教育模式，使教育的组织形式、课程资源、教学互动、学习评价、质量认证等要素发生了根本变化，线上教学从最初的辅助传统教学，逐渐开始深入变革教学模式和教育供给模式，在线教育逐渐被高等院校认同，在线教育、混合式学习模式将成为今后的发展趋势之一。2020 年，新冠肺炎疫情在全球蔓延，学校延迟开学。针对新冠肺炎疫情对学校的正常开学和课堂教学造成的影响，教育部应对新型冠状病毒感染肺炎疫情工作领导小组办公室于 2020 年 2 月 5 日发布《关于在疫情防控期间做好普通高等学校在线教学组织与管理工作的指导意见》[2]，提出依托各级各类在线课程平台，积极开展线上授课和线上学习等在线教学活动，保证疫情防控期间教学进度和教学质量，实现“停课不停教，停课不停学”。

2020 年 5 月，教育部印发《高等学校区块链技术创新行动计划》[3]，提出了到 2025 年在高校布局建设一批区块链技术创新基地，培养汇聚一批区块链技术攻关团队的行动目标。关于区块链技术在文化教育领域的应用问题，该文件明确了以下两大行业应用类平台建设方向：①区块链与教育治理：针对数字教育资源众筹众创与共享、教学行为数据化、教育管理决策精细化等教育创新发展带来的版权难确认、数据难取信、隐私难保障等一系列挑战，建设基于区块链的教育治理与应用创新平台，支撑开展智能化数字资源共享平台构建、创新知识产权的保护与溯源、真实可信的数字档案存证与追踪、敏感信息流通控制与隐私保护、基于学分银行的终身学习等教育领域的创新技术研发与应用，支撑开展面向教育领域需求的区块链关键技术应用研究，提升我国教育治理的自主、开放、可控的能力。②区块链与知识产权：针对区块链在知识产权领域应用的需求和问题，建设基于区块链的知识产权管理与服务的技术创新应用平台，支撑开展区块链在知识产权服务、管理、保护、交易、司法等领域的创新应用研究，支撑开展面向知识产权确权、追溯、交易等需求的区块链关键技术应用研究，提升我国的知识产权保护和市场转化水平。此外，该文件还指出要支持高校加强区域合作，推动高校区块链技术突破向教育、知识产权等领域转移转化，在区块链技术示范应用行动中，加强区块链在数字版权管理领域的应用研究，以及基于区块链的教育管理与服务协同平台研究与应用。

改革开放以来，随着互联网技术的迅猛发展，网络给人们的生活带来了很多便利。我国文化教育领域的内容由线下迅速转到线上，人们也在不断适应线上知识内容的生产和传播，这样的转变带来了新的挑战。

8.1.1 数字版权保护问题

随着影视、文学、音乐、动漫、视频教程等数字形式的文化教育内容“上线”，这些内容的生产、复制、流通和传播等环节均通过互联网完成。互联网在为文化教育领域带来传输效率提升的同时，也面临着各种盗版技术发展、盗版猖獗的挑战。数字文化内容的易复制性直接导致版权价值缩水，使大量优秀作品无法通过版权交易实现其价值最大化，这就影响了文化创意产业的健康发展；同时，大量的盗版内容与虚假广告、木马病毒绑定，给消费者带来了极坏的体验，造成了版权市场的恶性循环。当今的互联网文化教育领域中，知识产权侵权现象依然严重，网络著作权官司纠纷频发，对盗版的打击存在举证困难、维权成本高等问题，这成为文化教育领域的一个尖锐痛点。

8.1.2 动态进化的课程资源质量认证问题

“互联网+”时代，知识不再是静态的，而是在网络交互中，不断进化发展，呈现动态的、所有参与者共建共享的状态，因此，知识生产是网络中群智协同的过程，具有网络化、个性化、碎片化、多模态等特征[4]。教育的课程资源不能仅仅停留在简单的认知型知识层面，而是要促进深层次的学习发生。在这个过程中，群体产生的资源也是在线课程资源的宝贵来源，因此，在线教育的课程资源也呈现出开放共享、动态进化等特点。在课程质量认证方面，美国 QM 先后制定了六版高等教育在线课程评价标准[5]，我国近年来对国家精品在线课程的评选也明确了一些要求，但在线教育领域至今都没有统一的、权威的质量保证机制或第三方机构评估，无法保证“草根”提供的教育资源与服务的质量[6]。如何确保各类资源的有效性、高质量、可共享、受保护，建立资源的准入、发布、审核、认证、共享、聚合、版权、交易等的质量认证机制，是教育领域必须考虑的问题。

8.1.3 教育评价与认证问题

1．在线学习评价的多元性

教育评价体系集中于学校的正式学习，并依赖通过考试成绩进行评价，对于学习的评价较为片面。对于在线学习这种自由式、非正式的学习方式，需要结合正式学习（在线观看课程视频、测试、考试等）和非正式学习（在

线资料搜索与阅览、讨论交流、发帖分享等）两方面的多元因素全面评价学生，但要考虑多元因素同样给教育工作者带来了管理负担。如何对学习者的学习成绩进行公平、智能的管理和评价，是在线教育管理需要重点考虑的问题。

2. 评价标准缺乏统一性

一方面，在线教育平台的非正式学习成果与学校教育中的正式学习成果之间缺乏换算标准；另一方面，各个在线教育平台之间学习成果评价方式缺乏统一性。这些都导致通过在线教育取得的学习成果不能得到实质上的认同，难以换得实际认可的学分、学历或其他教育成果。

3. 在线课程电子证书存在风险

证书存储不够安全，导致电子证书造假、盗用问题泛滥，使电子证书的公信力和价值大打折扣；对于在线课程的电子证书，第三方机构缺乏可信的公共验证渠道，因此验证证书依赖发证机构，验证成本高、效率低。

8.1.4 个性化的学习服务与支持问题

除了优质的在线课程资源、有效的评估认证体系之外，如何辅助学习者顺利完成在线学习，也是在线教育中的重要环节。设置专门的教与学服务支持部门是一种常用的学习服务与支持策略，可以帮助教师和学生解决在线教学过程中的课程、技术、情感等方面的问题。实际上，在线学习并不仅仅体现在某一个平台上，相关的管理系统、网络系统等都会体现学习者的学习情况。如何根据学习特点、过程、状态等学习行为，提供个性化支持服务，也是当前教育领域的研究热点。

8.1.5 多主体参与的教育管理监督问题

随着在线教育的不断发展，在线教育平台及学校的在线教育管理逐渐呈现多主体参与的特征。在学校内部，在线教育不再是某个部门的管理职责，而是由多个部门、机构共同参与。在学校外部，通过与其他学校、教育机构、在线教育服务提供商的合作，也扩大了来自校外的在线教育管理主体的范围。因此，校内外形成了广泛的在线教育管理监督共同体，如何确保多方参与的有效管理监督也成为在线教育面临的挑战。

8.2　基于区块链的解决思路

针对文化教育领域存在的以上问题，区块链技术提供了更低成本、更高效率的解决思路。

8.2.1　版权存证、交易及价值评估的区块链解决思路

文化教育领域的盗版问题可以通过基于区块链技术的供应链途径来解决，区块链技术可应用于文化教育领域的内容生产、内容传播、内容交易与内容维权等各个领域，如图 8-1 所示。

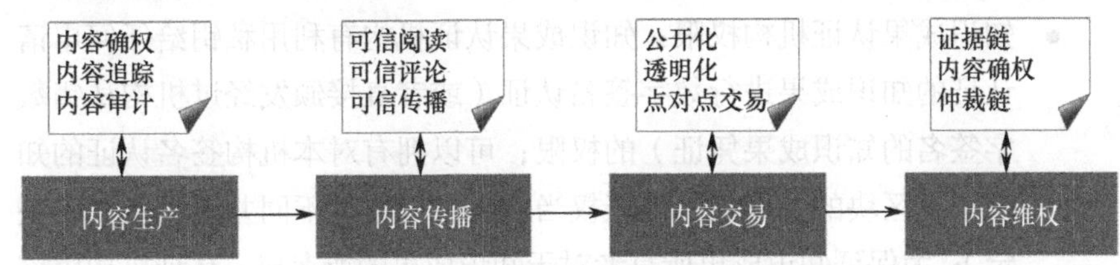

图 8-1　区块链应用于版权保护领域

利用区块链技术，可以让创作者在内容创作过程中进行内容的有效确权，尤其对共同创作作品数据的追踪、确权和审计具有很大优势；而在内容传播过程中，可通过激励机制相关研究保障内容的可信传播，避免中心化系统带来的数据篡改问题；在内容交易方面，创作者可通过区块链平台实现许可、交易等过程公开化、透明化，基于区块链平台发表、推广或交易作品，直接获得报酬；在内容维权方面，利用区块链分布式数据存储、密码学算法等技术对交易数据进行数字签名后上链，不仅可以进行一般的数字内容存储，而且可以通过智能合约形成证据链，使得链上数据直接用作具有公证效力的、真实的、合法的证据。

1. 版权存证解决思路

具体地，区块链技术在知识产权领域的应用将有助于知识产权的保护和交易。由于区块链技术能够在每一次数据记录中加盖时间戳，且数据记录因为去中心化、去信任化等特征可靠性高、不易被篡改，所以可以利用对知识成果的上链存证，构建在时间和内容上都真实可信、可溯源防伪的“知识成果分布式账本”，为知识产权的确权及法律维权提供强有力的证据，从而使区块链技术能够在知识产权的产生和确权中发挥重要作用。

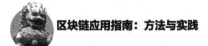

在知识产权保护应用中，可以在区块链中利用非对称加密算法对知识成果进行数字签名，生成已认证的知识成果区块记入区块链中，达到知识成果安全存储防篡改和去中介自主验证两方面的目的。在实现该功能时，在不同角色的用户权限设置上应满足以下 3 点要求。

- 知识成果所有者权限：知识成果所有者具有上传本人知识成果发起认证申请、对于本人已认证的知识成果区块利用私钥进行数字签名，以及向其他节点分享发送本人已认证知识成果区块地址及个人公钥的权限；不应具有认证知识成果的能力及本人知识成果区块的记账权。
- 知识成果认证机构权限：知识成果认证机构有利用私钥给任何申请认证的知识成果进行数字签名认证（或者直接颁发经过机构私钥数字签名的知识成果凭证）的权限；可以拥有对本机构签名认证的知识成果区块的记账权（记账权当然也可以通过不同共识机制竞争决定）；为保证知识成果所有者对于知识成果的所有权，认证机构应该不具有传送任何知识成果区块信息的权限。知识成果认证机构的公钥在全系统范围内公开。
- 第三方用户/机构权限：不属于前两类用户的第三方用户/机构（如雇佣单位、系统中的其他节点用户或机构等）不应具有写入链和传送区块信息的权限；只具有接收知识成果所有者发送的区块信息、访问区块链并分别利用知识成果所有者公钥、对应认证机构公钥进行知识成果所属权及真伪的去中介验证的权限。

基于区块链的知识成果认证存储与验证流程如图 8-2 所示。

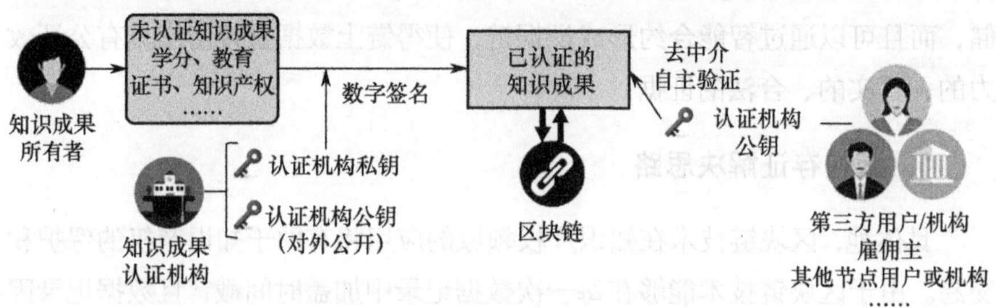

图 8-2　基于区块链的知识成果认证存储与验证流程

解决思路的具体环节如下。

- 知识成果上传或生成：知识成果所有者在区块链系统中上传自己未经机构认证的知识成果，并发送知识成果认证机构请求认证。对于知识成果认证直接由认证机构颁发凭证的情况，则由知识成果所有者直接向认证机构发送认证请求即可，认证机构收到请求并确认申请者资格后，直接生成知识成果凭证。
- 认证机构数字签名：认证机构拥有一对固定的公钥和私钥，公钥对外公开。对于检查无误的知识成果或者由本机构生成的知识成果凭证，利用私钥进行加密、完成数字签名认证。
- 已认证知识成果上链存储：认证机构以签名认证的知识成果生成区块记入区块链中。在区块直接记入区块链之前，知识成果的所有者可使用自己的私钥先对其进行双重签名，以确保该知识成果不会被他人盗用。
- 第三方自主验证知识成果：第三方用户或机构根据知识成果所有者发送的区块地址，可以访问区块链中对应的知识成果区块，并利用公开获得的认证机构公钥进行解密，完成知识成果真伪的自主验证。如果区块经过了知识成果所有者的双重签名，则知识成果所有者需在向第三方用户或机构发送区块地址的同时一并发送个人公钥，以便第三方先利用个人公钥解密验证知识成果所属者是否为本人。

2. 版权交易解决思路

如图 8-3 所示，利用区块链技术记录版权交易，分为以下两类情况。

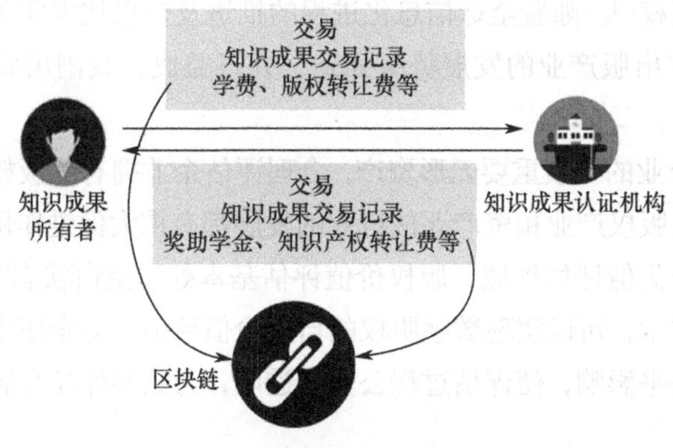

图 8-3　基于区块链的知识成果版权交易

- 知识成果实际交易记录：在知识成果实际交易过程中，知识成果所有者可能会向知识成果认证机构缴纳学费、版权转让费等费用，而知识成果认证机构也可能向知识成果所有者发放奖助学金、知识产权转让费、版权认证作品的交易收入等。在此过程中，双方相互进行的实际交易数据可以利用区块链进行上链记录，作为安全可靠的交易凭证。
- 知识资产形式奖励记录：认证机构可以通过在区块链上部署智能合约，编写一套知识资产形式的奖励规则，从而实现在区块链系统内自主向用户发放知识内容优惠券、知识成果交易代金券等形式的奖励，并且将奖励发放的情况也作为交易信息记录上链。

以基于区块链的在线原创文学社区为例，文学创作者在社区的文学作品区块链系统中上传了自己的小说、文集等原创文学作品并完成了版权确权后，创作者可以在社区平台内收取读者对于电子书的购买费用，在此过程中，作品版权交易的盈利记录可以在文学作品区块链系统中公开、透明地存储，防止社区平台等第三方利用中介身份对于盈利数据进行造假并贪吞回扣；而读者则可以通过在社区内阅读学习、良性讨论甚至发表文学创作，获得仅供本人在本社区内使用的电子书优惠券作为奖励，该优惠券不可兑现或转让，其发放也会作为交易信息被记入文学作品区块链系统中。

3. 数字版权价值评估解决思路

数字版权也就是各类出版物、信息资料的网络出版权，是可以通过新兴的数字媒体传播内容的权利，包括制作和发行各类电子书、电子杂志、手机出版物等的版权[7]。随着全球信息化进程的推进及信息技术向各个领域的不断延伸，数字出版产业的发展势头强劲，并日益成为我国出版产业变革的“前沿阵地”。

版权是企业的一项重要无形资产，合理评估企业拥有的版权对企业价值的评估，以及版权产业和资产评估行业的发展都有重大促进作用。然而，在我国无形资产价值评估领域，版权价值评估基本处于空白状态[8]。利用区块链智能合约技术，可以实现数字版权的自主价值评估，完全摆脱人为干预估值带来的不公平影响，使评估过程公开、透明，为数字作品及版权价值评估提供新思路。

在以上应用场景中，不论是利用区块链技术完成在线学习评价和学分累

计，还是对数字作品或版权价值评估，均可以概括为运用区块链对一定类型的知识内容进行价值评估。在区块链中主要依赖智能合约来实现知识内容价值的自主评估。利用智能合约实现知识内容价值评估的过程有以下 3 个优势。

- 去中介自主运行：管理者在初期编写区块链系统内的智能合约内容、设定评估规则，编写完成后系统自主运行，无须管理方继续人为介入评估过程，这将节省系统管理所需的人力；同时，评估过程无人为干预因素也进一步确保了知识内容价值评估的公平性。
- 用户隐私保护：用户在区块链系统中进行知识接收或知识内容创造过程时，不需要实名等真实身份信息，只需匿名登录个人账户进行学习或创作活动，这将保护用户的个人隐私。知识内容的相关数据将记录在个人账户下，定时打包并触发智能合约进行价值评估，结算成对应价值的知识成果，生成的知识成果区块由所属账户数字签名以确定成果所属权。
- 知识成果全生命周期安全存储：在智能合约生成知识成果区块后，通过网络共识上链永久保存，区块链的共识和加密机制将确保知识成果难以篡改，确保真实性和安全性。

基于区块链的知识内容价值评估如图 8-4 所示。

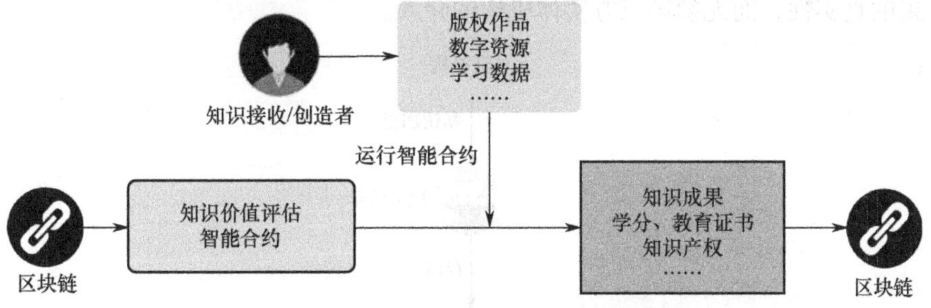

图 8-4　基于区块链的知识内容价值评估

8.2.2　教育认证、学习激励与学分通兑模式

1. 数字徽章电子认证颁发与验证模式

随着教育信息化的发展，各类电子证书因其便于存储和转发而正在逐步取代传统纸质证书系统，成为教育认证的新兴模式，其中一种电子认证形式就是数字徽章。数字徽章是随着信息技术发展而演变来的一种以电子形式存

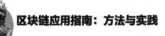

在的徽章[9]，也可译为开放徽章。Mozilla 开放徽章官网[10]将开放徽章定义为“一种新的在线识别和验证学习（成果）的标准”。刘东英等[11]认为，数字徽章是用来评估、表征学习者所获得的知识、技能和自身能力、兴趣，并可以通过网络随时向大众公开展示自身成就的一种数字化评估工具。

数字徽章是使用元数据完成预先指定的目标并获取数字标志的图像[12]。作为学习活动的图形指标和学习成果认证的方式，数字徽章多用于非正式学习场合，能够为在线环境下认证学习者取得的成果技能或为有质量的工作和学习提供证明，可以为教育领域的“分布式学习证明”提供相应的解决方案[13]。

如图 8-5 所示，将区块链系统与数字徽章结合，能够帮助节省徽章验证第三方机构的工作，建立省时省力的点对点操作，同时在维持数字徽章公开性、分布式存储等优点的基础上，通过防篡改弥补了数字徽章的安全漏洞。将区块链技术“公钥”和“私钥”的特征有效地运用到数字徽章中，使数字徽章的展示既具有公开性，又具有保密性：学习者在向雇主展示其学习成果与技能时，使用“公钥”功能；当雇主对该学习者的技能感兴趣时，会与学习者之间建立联系，两者使用“私钥”将学习者的学习档案开启，雇主便能够获取学习者相应的学习轨迹及学习过程中的相关信息，验证学习者所获成果的真实性，而无须第三方实体机构的介入。

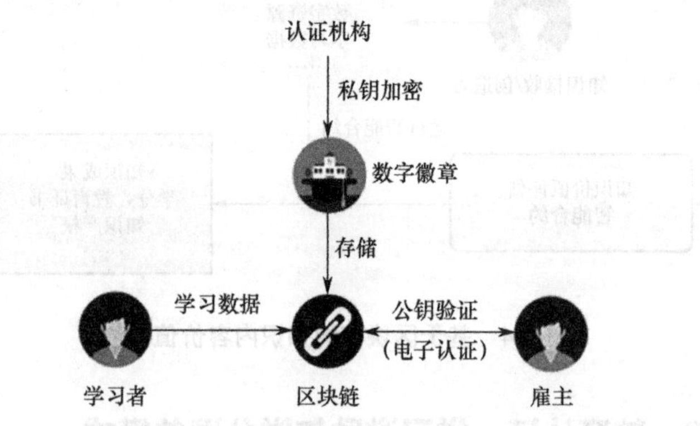

图 8-5　基于区块链的教育认证

2．学费缴纳及奖助学金发放模式

区块链技术在加密货币中起到的就是安全记录交易信息的作用，同样可以将此应用迁移到记录学费缴纳、奖助学金发放等教育相关的交易中，从而

使教育资金流向更为公开透明。尼科西亚大学就允许学生用比特币系统支付学费，并利用比特币区块链记录学生的学费交易。

如图 8-6 所示，可以通过区块链以发放奖助学金“知识积分”的激励方式向学生或教育机构分配和发放教育资助。在该应用场景下，政府（或赞助商）在区块链系统中将教育资金以“知识积分”的形式，编写智能合约根据某些绩效标准（如成绩等）向学生或教育机构公平自主地分配资金。许多国家（以及私人赞助商）通过向教育机构或预先批准的教育组织名单中“成绩优异”学生提供“知识积分”的方式，来为贫困地区的学生提供学费资助。这种“知识积分”系统是一种越来越流行的教育资助方法，因为它们为学生提供免费教育，但仍然允许机构相互竞争，为学生提供更好的资助。

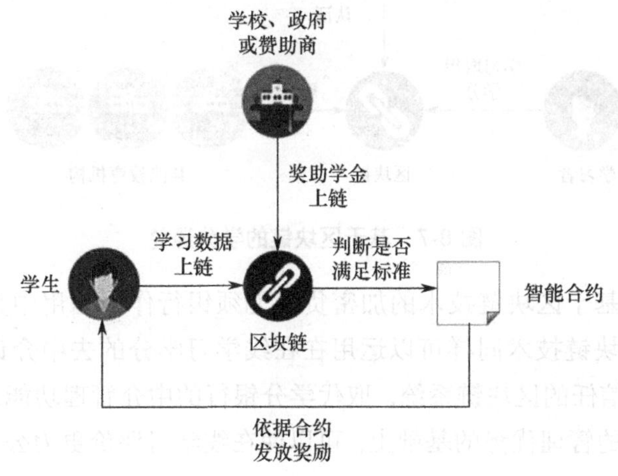

图 8-6　基于区块链的学习激励

3. 学分通兑模式

随着在线学习平台的兴起，网课学习方式由于其时间和空间不受限制而广受欢迎，同时也是鼓励校外社会人士自主学习、推动终生学习、构建学习型社会的有效方式。然而，对于这种自由式、非正式的学习方式，如何对学习者的学习成绩进行管理和评价，也是教育管理者们要重点考虑的问题。

借鉴西方早期出现的学分制，“学分银行”（School Credit Bank）的管理概念被提出。所谓学分银行[14]，是一种模拟或借鉴银行的功能特点使学生能够自由选择学习内容、学习时间、学习地点的一种管理模式，学习者可以通过在线自由学习来累积学分。银行是承担信用中介职能的信用机构，通常具有存款、放款、汇兑等功能。从定义来看，学分银行具备银行的基本功能，如存储功能、汇兑功能；但学分银行与实际银行的不同之处在于，学分银行以存储学分代替存储货币、以学分汇兑学历或资格证书代替货币汇兑。

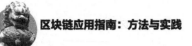

如图 8-7 所示，学分银行能够实现各教育机构之间的教学资源共享和学分通兑，成为学历教育和非学历教育、正式学习和非正式学习的学分统一认证平台。

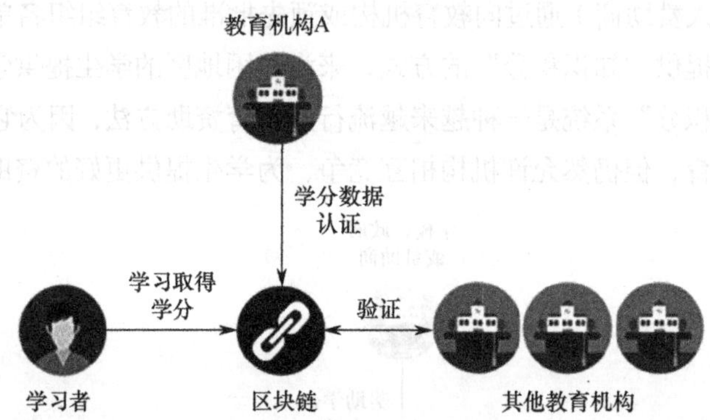

图 8-7 基于区块链的学分通兑

类似于基于区块链技术的加密货币无须银行作为信用中介就可以发行运转，区块链技术同样可以运用在在线学习学分的去中介评估和存储中，构建去信任的区块链系统，取代学分银行的中介管理功能，在保留学分银行原有的管理优势的基础上，可以使在线学习评价更为公开透明、高效可信。

8.2.3 在线教育学习主客体评价模型

基于区块链的在线教育管理系统从主客观角度出发，融合多元评价主客体的定性和定量评价，自动化地实现对学生学习表现、教师授课表现的评估，如图 8-8 所示。

针对待评价的学生或教师，各评价主体与客体分别给出主观定性评价与客观定量打分。在此过程中，区块链良好的分布式可信特征及智能合约的不可篡改性一方面确保了评价者可通过区块链分别打分，且不受他人评价的影响；另一方面保证了已提交的计分不会被恶意篡改，使计分具有合理性与公正性。多项评分提交后，智能合约的自动执行和对定性评价的处理使得该评价模型得以自动、智能地提供在线教育过程中针对学生或教师的评价计分。

在线教育学习主客体评价模型基于智能合约，构建分布式评价模型，形成可信评价系统。

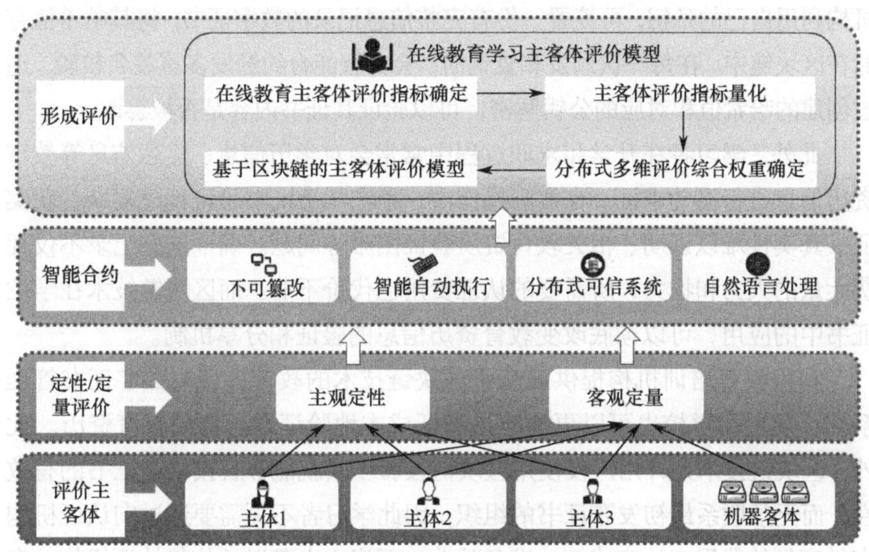

图 8-8　基于区块链的主客体评价模型

具体地，在线教育学习主客体评价过程包括 4 个部分，分别是在线教育主客体评价指标确定、主客体评价指标量化、分布式多维评价综合权重确定和基于区块链的主客体评价模型。

8.3　应用场景与实践

8.3.1　教育认证与证书管理

1．教育认证与证书管理场景

学历证书等教育证书造假和欺骗长期以来让现行学习认证制度饱受诟病，因此，创建基于区块链技术的教育认证制度和教育证书管理系统，实现对于教育认证的规则公开透明和证书的安全颁发与存储，将有助于学习者或其他人才在不同教育机构、不同工作地点、不同国家间安全、真实、便捷、高效地存储和利用其区块链学习认证，为跨机构、跨地区的学习与就业提供便利[15]。

基于区块链技术的教育证书管理系统，有非常高的安全性和可信度。在此类系统中可以创建包含相关学生基本信息的数字教育证书，使用相关学生的私钥对证书进行数字签名，以保证用户信息和证书内容的一致性。学校等教育机构利用自己的私钥，再签署一份有完整信息记录的数字证书，将其哈希值存储在区块链中。在每一次颁发和查询时，会由智能合约触发多重签名校验，通过创建的哈希值和对应的公钥解密，可以验证其证书内容是否被篡改。

此外，学习者在升学和求职过程中常常会对学历信息、奖惩信息等教育资历信息进行真伪求证。在实际操作中，存在学历证书验证程序复杂、获奖证书真实性难以证明、相关教育资质验证困难等问题。确证这些记录不仅耗费大量的人力和物力，所需要的认证费用也代价不菲。而区块链技术在学位证书中的应用，可以彻底改变教育资历信息的验证和分享机制。

利用教育培训机构提供的基于区块链技术的教育认证与数字证书管理系统，雇主和学校也可以更加容易和低成本地验证学习者的教育资历。此外，区块链技术允许用户仅使用区块链校验工具就能够直接验证证书的有效性，而无须联系最初发布证书的组织，因此学习者不再需要通过向认证机构支付高额的费用来认定成绩、准备就业，而雇主也可以不依赖认证机构、自行验证证书真伪，这将极大地降低升学求职和人才雇佣成本。

2. 应用案例

1）尼科西亚大学与英国开放大学[1]

尼科西亚大学（University of NICOSIA，UNIC）致力于最大限度地发挥区块链在教育方面的潜力，据报道，它是第一所实现以下4项区块链技术相关活动的大学：①2013 年 10 月在尼科西亚大学可以使用比特币支付任何学位课程的学费；②2014 年 1 月在 MOOC 率先发布名为“数字货币简介”的关于加密货币的大学课程；③2014 年 3 月为在线英语授课的数字货币课程提供公开认可的理学硕士学位（第一批学生于 2016 年 6 月毕业）；④2014 年 9 月使用自己的基于比特币区块链技术的内部软件平台向学生颁发学位证书。

英国开放大学（Open University，OU）的知识与媒体研究中心（Knowledge Media Institute，KMI）也参与了许多关于区块链的研究计划。在区块链研究和认证的背景下，KMI 特别希望通过使用区块链作为可信的分布式账本来提升网上颁发的数字徽章、证书和荣誉的安全标准。

2）索尼全球教育平台[15]

日本的索尼全球教育（Sony Global Education）已公布建设了基于区块

链技术的全球学习和认证平台，以促进学习者、学校和雇主共享学习过程和学习认证等方面的数据。其创始人铃木五十铃（Isozu）认为，区块链技术能够赋予学习者管理其成绩的更大自主权，例如，学习者在获得某一门考试成绩后，可以要求考试提供者与第三方组织分享其成绩，然后第三方组织可以应用区块链技术评估该学习者的成绩，以确定其掌握的知识和技能是否符合组织需要。此外，基于对区块链技术在教育教学中的潜能和价值判断，索尼全球教育正致力于推动全球的大学等教育机构探索、使用其区块链技术平台。

该平台提供了各种应用程序，整合各类学习元素，突破现有课程设置限制，为全球各年龄层、不同社会背景的人带来全新的教育体验，提供可认证的教育经历和学习证书，让学习者的成绩单永远安全地存储在云服务器中，且学习者本人、教师或教育机构能够将这些数据安全地共享给第三方。铃木五十铃对此应用案例进行了说明：比如，一个学生曾在中国某教育机构学习，参加过美国某机构的在线考试，最后从日本的大学毕业，现在又要申请西班牙的研究生，那么，学校该如何去确认这些来自不同教育机构的成绩，并处理该学生的申请呢？不同的评估机构有可能会采取不同的方式使用学生的考试结果。随着教育领域越来越国际化，对学生和学校来说，能够方便且安全地分享学习数据和学习认证将为学习者、教育机构及雇主带来便利。

3）麻省理工学院的媒体实验室[15,16]

麻省理工学院的媒体实验室（The MIT Media Lab）应用区块链技术研发了学习证书平台。证书颁发的工作原理如下：首先，使用区块链和强加密的方式，创建一个可以控制完整的奖励和成绩记录的认证基础设施，包含证书基本信息的数字文件，如收件人姓名、发行方名字、发行日期等内容；其次，使用私钥加密并对证书进行签名；再次，创建一个哈希值（Hash），用来验证证书内容是否被篡改；最后，再次使用私钥在比特币区块链上创建一个记录，证明该证书在某个时间颁发给了谁。在实际应用中，上述工作虽然能一键操作完成，但是由于区块链自身透明化特性所带来的一系列隐私问题，目前该平台仍在不断完善中。

4）霍伯顿软件工程学院[17,18]

创立于 2015 年 3 月的霍伯顿软件工程学院（Holberton School of Software Engineering）是世界上首个使用区块链技术记录学历信息的学校，它从 2017 年开始将学历证书信息在区块链上共享，这一做法受到众多招聘公司的赞赏。霍伯顿学校的联合创始人 Sylvain Kalache 认为，利用区块链去中心化的、可验证的、防篡改的存储系统，将学历证书存放在区块链数据库中，能够保证学历证书和文凭的真实性，使学历验证更加有效、安全和简单，同时能节省人工颁发证书和检阅学历资料的时间和人力成本，以及学校搭建运营数据库的费用，这将成为解决学历文凭和证书造假的完美方案。另外，一些国家也开始行动起来，例如，肯尼亚政府强烈地意识到学历造假给国家教育乃至社会经济带来的严重影响，为了严厉打击造假文凭的非法行为，目前正在和IBM密切合作尝试建立一个基于区块链的学历证书网络发布与管理平台，让所有学校、培训机构等都可以在区块链网络上发布学历证书，实现学历证书的透明生产、传递和查验。

8.3.2 在线学习多元评价

1. 在线学习多元评价场景

学习认证是评价学习结果的有效手段，然而，由于学习自身的复杂性，以及教育系统的因循守旧，学习认证长期以来固守简单化的、考试分数导向的标准，只对正式学习进行成果认证。随着素质教育的推进，对人才的评价要求可以综合考量多方面素质，这就要求将学习者在日常生活中的各方面非正式学习也纳入学习成果认证的评价参考中。基于区块链技术构建学生在线学习信息记录平台，其匿名性不仅保证了学生在系统中的隐私，同时将学生在浏览网页、使用学习 App 等在线的非正式学习数据进行防篡改记录，并利用智能合约将学习数据转换为学分等学习成果永久保存，将便于优化学习认证和评价体系，进一步推动“终生学习护照”的构建。

2. 应用案例

1）基于区块链技术的学习存储平台[18]

基于区块链技术的学习存储平台如图 8-9 所示。

区块链可以用来记录并存储正式或非正式的、在线或离线的各种学习经历和过程，能够促进 xAPI（experience API）的广泛、深入应用。xAPI是一套用来存储和访问学习经历的技术规范，被认为是对 SCORM 技术规范的完善和超越。xAPI 可以对学习者的在线学习经历，进行比 SCORM 更加细致的追踪和记录。这些记录有助于帮助教师和研究人员针对学习需求，设计教学模式和内容，并对学习者的习性、风格、行为模式进行分析，从而实现个性化学习。xAPI 可以描述任何正在进行的活动流（Activity Stream），包括学习活动，而微博、脸谱、推特等社交媒体都使用了活动流。xAPI 还具有记录学习数据库的功能，即学习记录存储（Learning Recording Store，LRS）。

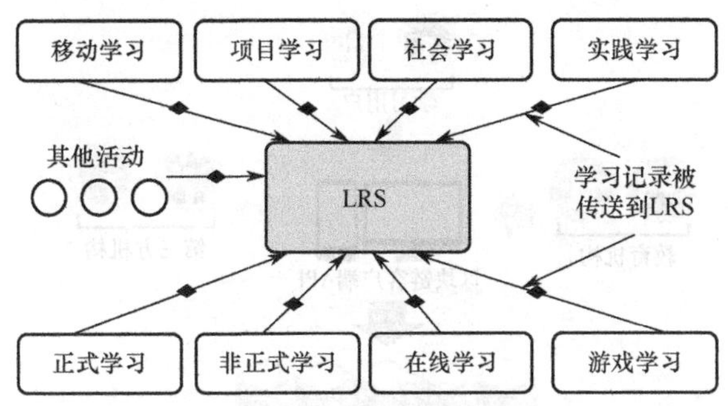

图 8-9 基于区块链的学习存储平台

众所周知，随着手机等移动电子设备的普及和技术赋能的学习环境的日趋完善，人们的学习时间和地点日益呈现分散和自主等去中心化特点，即移动式、碎片化和非正式学习日益成为学习的主流模式。而基于区块链技术的学习存储平台通过应用 xAPI 实现了跟踪、记录学习者在不同时间和地点的学习经历和过程，包括正式学习和诸如电脑游戏、仿真模拟或社交媒体活动等各种非正式学习内容。并且，存储在 LRS 内的学习数据可以在不同 LRS 之间流动，而 LRS 可以存在于任何地方，如手机、电脑等设备。当学习者在使用新工具或内容、选修新课程、转换工作时，所有累积的学习记录都可随身携带。由此可见，让学习数据从学习系统、工具、内容中解放出来，是区块链技术应用于教育教学的一大颠覆性理念和实践模式。

2）在线教育多元学习评价模型[19,20]

北京师范大学知识区块链研究中心（Research Center of Knowledge Block-Chain，BNU）在文献[19]中提出了一种基于区块链技术的在线教育系统框架（见图 8-10），并基于该框架给出了针对在线学习多元评价问题的智能合约解决方案。

文献[20]中基于图 8-10 所示的系统框架，对于在线教育多元学习评价的机制模型进行了详细的描述：任何教育机构用户可以在其 LA 私链上创建和部署每个课程学分生成合约（Course Credit Generation Contract，CCGC），该

智能合约可以根据写在其中的在线学习多元评价规则，自动根据学习用户的在线学习多元数据（例如，学习时间长度、测验考试成绩、在线讨论活跃程度等）进行统一规则的评分，计算学习用户在某一特定课程学习的课程学分，从而构成系统的在线学习多元评价机制（见图 8-11）。

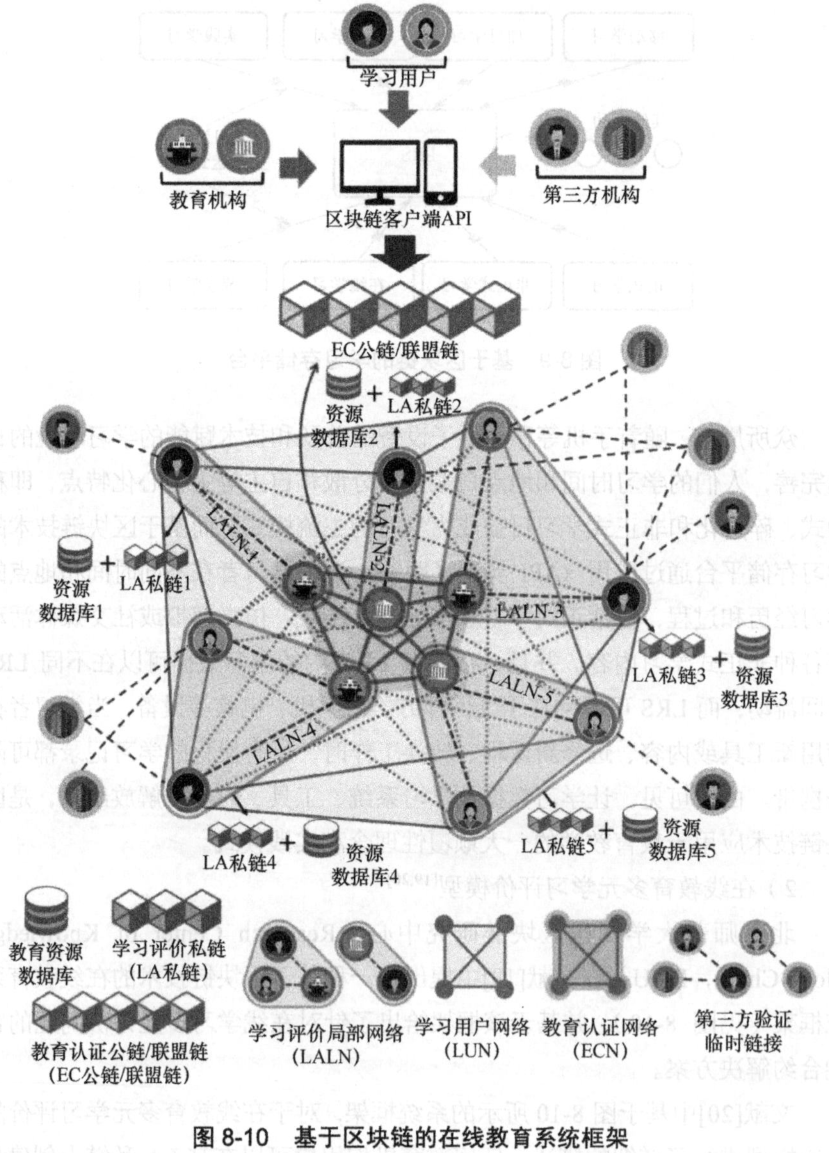

图 8-10　基于区块链的在线教育系统框架

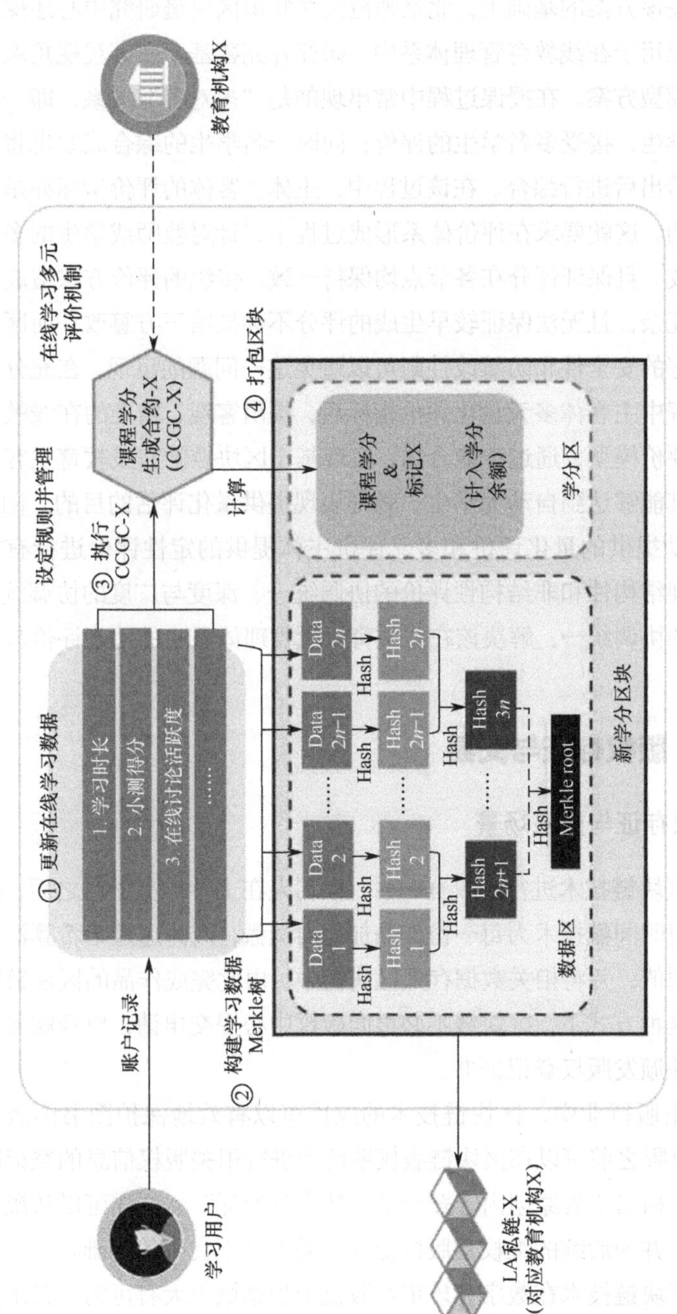

图 8-11　基于区块链的在线学习多元评价机制

此外，在该方案的基础上，北京师范大学知识区块链研究中心还探索将区块链技术应用于在线教育管理体系中，研究并完善基于主客观视角融合的形成性评价模型方案。在授课过程中常出现的是“多对多”关系，即一名教师面向多名学生，接受多名学生的评价；同时一名学生的综合成绩也将由多名教师分别给出后进行综合。在该过程中，主体、客体的评价指标亦是多元化、分布式的。这就要求在评价体系形成过程中，针对教师或学生的多项评分要同时生成，且保证评分在各节点均保持一致。传统的评价方法造成大量的数据传输冗余，且无法保证较早生成的评分不会被第三方篡改。而区块链智能合约良好的安全性和防篡改性则可以避免这一问题的出现。在充分考虑教学评估过程中主客体多元量化评价指标后，提出客观、精准的在线教育分布式主客体评价模型，通过智能合约，实现基于区块链的在线教育主客体评价系统，使其能够达到自动为学生、教师表现提供量化评估的目的。同时，将区块链自动提供的量化评价和多元评价主体提供的定性评价进行有机结合，最终实现结构性和非结构性评价的协调统一、深度与广度的协调统一、效能和数量的协调统一，解决该在线教育质量管理体系中的动态评价与认证问题。

8.3.3 版权存证与交易

1. 版权存证与交易场景

在利用区块链技术进行版权登记时，权利人在上传作品材料之后，区块链系统会使用时间戳技术为每一份作品加盖时间戳，同时通过哈希算法计算生成一串散列值，并将相关数据存入区块链中，由此完成作品的区块链版权登记[21]。在这种方式下，区块链不必再向版权中心提交申请，自身就可以完成版权登记并颁发版权登记证书。

在图书出版行业中，区块链技术的应用可以有效地保护图书的版权信息。图书在出版之前可以在区块链版权系统中进行相关版权信息的登记即确定作品归属，相当于为原创内容登记了“数字身份证”。这样可以从源头保护原创版权，并为后续的维权及版权变现等需求打下良好的基础。

此外，区块链技术在数字音乐市场版权维护领域也大有可为。音乐行业的市场规模巨大，但在传统模式下音乐人很难获得合理的收益。利用区块链技术使音乐整个生产和传播过程中的收费和用途都是透明并且真实的，这样

能有效确保音乐人直接从其作品的销售中获益。另外，音乐人跨过出版商和发行商，通过区块链平台自行发布和推广作品，无须担心侵权问题，也能更好地管理自己的作品。

从长远来看，区块链技术对于版权行业的影响是颠覆性的，因为区块链技术能很好地解决与信用、发行、版权管理和盗版有关的问题，随着不同应用逐渐出现，必将给影音娱乐、媒体等行业带来全新的格局。

2. 应用案例

1）Proof of Existence 版权登记服务和小犀版权链[22]

美国 Proof of Existence 区块链无须泄露作品信息就可以证明作品的所有权，且可以在特定的时间提供证明。用户在上传作品并支付网络加密费用之后，Proof of Existence 可以为该作品创建一个哈希值，也就是不同于其他所有作品的身份 ID，并且放入区块链中。而后通过比较区块链中的哈希值和原作品的哈希值，并利用已经加盖的时间戳来证明在那个时点上该作品确实存在。此外，以 Proof of Existence 为基础而设计的 Poet 项目，可以方便地将图片、文字、音频等内容进行哈希运算，并将哈希值及内容存储在区块链上。整个登记过程可以在电脑上方便地操作，无须到中心化版权机构进行登记。

小犀版权链是联合版权保护中心、公证处和产业基金组建的版权综合服务平台，其核心功能在于电子作品的版权确权。权利人在进行实名认证之后，将原创作品上传到区块链上，小犀版权链将作品名称、权利人和登记时间等核心信息生成唯一对应的时间戳，并将时间戳封存于防篡改的区块链数据中，最终在区块链网络中生成唯一且难以篡改的存在性证明。这一证明将通过整个区块链系统的可靠性为其背书，作为作品的权属证明。小犀版权链的特色优势在于其天然地能够与各类数字化的作品生产工具相适应，使创作者在作品产出的那一刻即可将作品快速上传至区块链网络中，让确权时间尽可能地接近原创完成时间点，强化确权的时间属性，降低确权过程中的时间损耗。以电影作品为例，作者不仅能够在第一时间将已经制作好的视频上传至区块链网络进行确权保护，而且能够将各种尚在制作阶段，但又属于电影情节不可分割的一部分文字内容上传至区块链网络中，以此保护电影作品在创作阶段就不会遭受侵权的危险。

2）拍片网区块链影视版权交易平台[23]

拍片网是一家“滴滴导演”模式的视频内容制作平台，于 2015 年上线运营，主要为中小企业客户提供深度的视频内容制作服务。2018 年，拍片网 CEO 夏攀宣布“all in 区块链”，从商业视频拍摄向区块链影视版权交易转型。拍片网运用区块链技术给每段视频加上数字证书，任何交易记录都被记入区块链存证，通过区块链的溯源可以很容易识别盗版的视频。另外，拍片网也正在建立全球影视作品版权交易网络，允许任何影视、传媒、出版从业者上传影视作品进行版权认证，并在全球范围内进行版权交易，上传内容包括但不限于创意构思、剧本、视频素材、音乐素材、三维模型、制作工程、电影、电视剧集、纪录片、艺术短片等。具体的流程包括：

- 将视频等数字媒体内容在分布式网络中建立数字资产的身份。
- 制定收益分配明确的智能合约，并发布到区块链中，受到共识机制的确认，合约无法被篡改，也就无法形成盗版。
- 由区块链网络中去中心化的节点之间进行点对点交易，视频内容在创作者和用户之间直接交易。

3）Mediachain 系统和 Monegraph 数字艺术作品交易平台[24]

Mediachain 是一家位于纽约的区块链初创公司，该公司于 2016 年获得了来自 Andreessen Horowitz 和 Union Square Ventures 的种子轮融资资金。根据 Mediachain 的联合创始人 Jesse Walden 所说，目前 Mediachain 主要应用于数字图像版权保护，其工作的目标是实现作品版权所有者与其作品进行百分之百地无缝完美关联，让作品版权所有者及参与的任何人都能够在去中心化的运营平台中共享图片和信息。正是由于 Mediachain 能够通过区块链技术实现作品版权所有者与其作品完全的关联，并且确保作品版权所有者获得其相应的收益，因此 Spotify 十分看好 Mediachain 的发展前景。目前 Mediachain 已被 Spotify 收购。Mediachain 系统使用 IPFS（Interplanetary File System）来保护数字作品的版权。其主要工作原理是：运用区块链技术，提供开源的点对点数据库和协议，用于在 Internet 上注册、识别及跟踪。基于上述元数据协议，为创新作品提供版权识别。

Monegraph 数字艺术作品交易平台（以下简称 Monegraph 平台）是纽约大学教授 Kevin Mc Coy 和技术专家 Anil Dash 联合开发使用区块链技术来保护艺术家数字资产的项目。在该项目中，专家希望利用区块链技术建立一个能够完美解决数字资源认证及版税分配问题的系统。Monegraph 平台的工作目标是将数字资源通过区块链技术实现货币化，从而达到验证资源所有权的目的。通过 Monegraph 平台，作品版权所有者能够自行创建发售、转售、认

证许可等混合条款菜单选项，并在结算时，能够自由设定价格。用户可以通过推特账号登录 Monegraph 平台，并选择数字资源的 URL 链接进入工作网站。用户可以选择将推特账号及数字资源的链接记录在区块链上，对于内容的买家，通过区块链技术，Monegraph 平台可以让他们对标题和艺术家设定的各种属性一目了然，并且不需要第三方中介机构的存在，便能够直接获得所有权并付费使用。

8.3.4　知识证券化

1．知识证券化场景

知识证券化即知识的股份化，也就是将知识当成一项生产要素，量化成一种无形资本，与金融资本、有形物质资本互相融合的过程。在知识证券化过程中，知识主体不是一般意义上的知识，而是高新技术、管理和行为科学的知识，它们不仅能提高劳动生产率，降低物质消耗，而且具有持续增长和报酬递增的特征。在知识证券化过程中，需要实现对于知识资本的价值评估、认证及交易环节的融合应用。因此，可以结合证券化过程的特点，利用区块链技术构建可信的知识传播、管理与交易的证券化平台，从而推动知识证券化的落地实现，这也是区块链极具前景和潜力的未来应用方向。

2．应用案例

1）知识区块链与知识证券化平台模型

北京师范大学知识区块链研究中心于 2019 年提出了知识区块链（Knowledge Blockchain）的概念，并整合了知识区块链在文化教育领域及知识证券化等方面的应用方案。知识区块链是指在教育、知识产权等领域，利用区块链分布式账本、去中心化、防篡改、可运行智能合约等技术优势，来实现知识和教育资源共享传播、价值认定、安全存储等目标的系统。相较于传统区块链系统，该系统具有用户群体非单一、区块存储知识成果、以知识资产代替经济盈利作为激励等显著特点。此外，北京师范大学知识区块链研究中心还提出了构建更为系统、全面的基于知识区块链的知识证券化平台的模型（见图 8-12）方案，该方案有助于推动知识证券化的落地实现，从而提高知识产权所有者的福利，降低高新技术企业融资风险，有效激励科技的创新。

区块链技术的快速演进，并与实体经济不断融合创新，正在推动可信社会的建立，促进数据价值的流转。区块链技术在文化教育领域的应用，特别是在版权、教育认证等方面的应用，必将对文化创意产业、教育产业的长足发展产生积极影响。

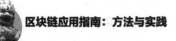

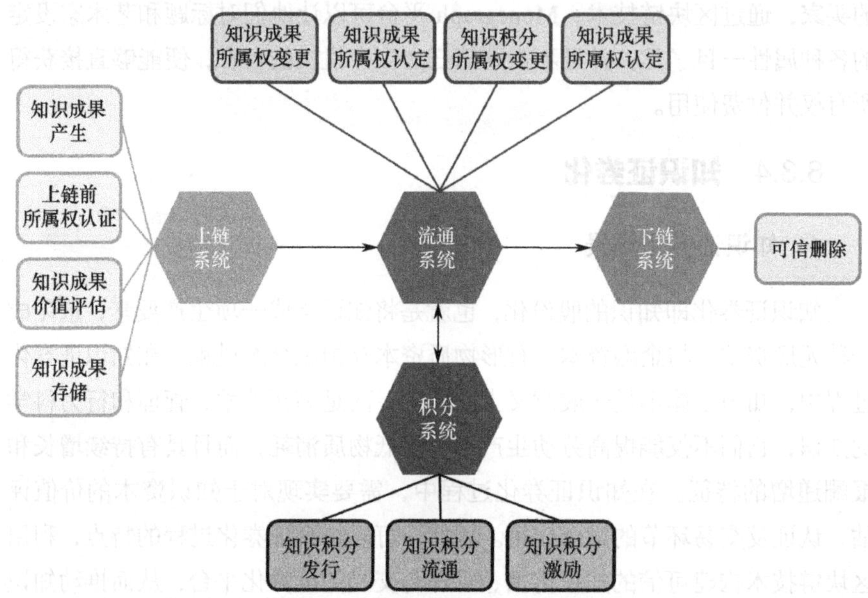

图 8-12 基于知识区块链的知识证券化平台模型

参考文献

[1] 科技部，中央宣传部，中央网信办，等. 关于促进文化和科技深度融合的指导意见[EB/OL]. [2019-08-13]. http://www.most.gov.cn/mostinfo/xinxifenlei/fgzc/gfxwj/gfxwj2019/ 201908/t20190826_148424.htm.

[2] 教育部. 关于在疫情防控期间做好普通高等学校在线教学组织与管理工作的指导意见[EB/OL]. [2020-02-05]. http://www.moe.gov.cn/jyb_xwfb/gzdt_gzdt/s5987/202002/t20200205_418131.html.

[3] 教育部. 高等学校区块链技术创新行动计划[EB/OL]. [2020-05-06]. https://aimg8.dlssyht.cn/u/1765035/ueditor/file/883/1765035/1589785203649119.pdf.

[4] 陈丽，逯行，郑勤华. “互联网+教育”的知识观：知识回归与知识进化[J]. 中国远程教育(综合版), 2019(7): 9-18.

[5] 钱玲，徐辉富，郭伟. 美国在线教育：实践、影响与趋势——CHLOE3 报告的要点与思考[J]. 开放教育研究, 2019(3): 10-21.

[6] 孙雨薇，陈丽. “互联网+”时代下“草根服务草根”模式发展两面观——在线

教育领域中草根模式发展的问题分析[J]. 开放学习研究, 2018, 23(5): 26-33.
[7] 李良旭. 区块链技术在数字版权中的研究与应用[D]. 北京：北方工业大学, 2018.
[8] 蔡晓宇. 版权价值评估机制建设研究[J]. 中国出版, 2015(22): 44-49.
[9] 贾寿迪，马红亮，杨洋，等. 开放勋章对在线教学的应用价值——基于 Moodle 课程的实践案例分析[J]. 现代教育技术, 2014(8): 78-79.
[10] What is a badge?[EB/OL]. [2020-05-04]. http://openbadges.org/about/.
[11] 刘东英，韩晓晗. 数字徽章支持下的在线学习评估认证研究[J]. 软件导刊，2017, 16(3): 189-192.
[12] MUILENBURG L Y, BERGE Z L. Digital Badges in Education: Trends, Issues, and Cases[M]. New York: Routledge, 2016.
[13] 许涛. 区块链技术在教育教学中的应用与挑战[J]. 现代教育技术，2017，27(1): 108-114.
[14] 张双志. “区块链+学分银行”：为终身学习赋能[J]. 电化教育研究, 2020, 41(7): 62-68, 107.
[15] GRECH A, CAMILLERI A F, ANDREIA I D S. Blockchain in Education[R]. Publications Office of the European Union, 2017.
[16] 李青，张鑫. 区块链：以技术推动教育的开放和公信[J]. 远程教育杂志，2017, 35(1): 36-44.
[17] 杨现民，李新，吴焕庆，等. 区块链技术在教育领域的应用模式与现实挑战[J]. 现代远程教育研究, 2017(2): 34-45.
[18] 许涛. “区块链+”教育的发展现状及其应用价值研究[J]. 远程教育杂志，2017, 35(2): 19-28.
[19] LI C, GUO J, ZHANG G, et al. A Blockchain System for E-Learning Assessment and Certification[C]//2019 IEEE International Conference on Smart Internet of Things (SmartIoT). IEEE, 2019: 212-219.
[20] 李楚杨. 面向多元评价机制的在线教育智能合约研究[D]. 北京：北京师范大学, 2020.
[21] 张冰清，李琳. 基于区块链技术的数字版权利益平衡[J]. 中国出版，2019(11): 22-25.
[22] 黄保勇，施一正. 区块链技术在版权登记中的创新应用[J]. 重庆大学学报(社会科学版), 2020, 26(6): 117-126.
[23] 拍片网拍电影入局区块链，这项技术能给影视行业带来什么改变？[EB/OL]. [2020-05-09]. https://www.sohu.com/a/223136518_104421.
[24] 陈威橦. 区块链技术推动下的数字音乐版权管理应用体系构建研究[D]. 北京：中国音乐学院, 2019.

第9章 区块链与民生

9.1 应用领域概述

民生问题与民众生活息息相关，一直是社会建设中的重要着力点，党的十九大报告提出：“坚持在发展中保障和改善民生。增进民生福祉是发展的根本目的”[1]。2019 年 10 月 24 日，习近平总书记在中央政治局第十八次集体学习时强调，要探索“区块链+”在民生领域的运用，积极推动区块链技术在教育、就业、养老、精准脱贫、医疗健康、商品防伪、食品安全、公益、社会救助等领域的应用，为人民群众提供更加智能、更加便捷、更加优质的公共服务。要推动区块链底层技术服务和新型智慧城市建设相结合，探索在信息基础设施、智慧交通、能源电力等领域的推广应用，提升城市管理的智能化、精准化水平[2, 3]。

9.1.1 应用价值

当前，民生领域存在监管机构间缺乏信任、管理不透明、信息可信程度低、信息不对称等一系列痛点。这些痛点会导致机构间业务协作效率低、政府监管工作难以有效开展、部分民生措施无法取得预期成效等问题。区块链凭借其独有的信任建立机制，正在改变诸多行业的应用场景和运行规则，是未来发展数字经济、构建新型信任体系不可或缺的技术之一[4]。在民生领域，区块链可以提供可靠、可信的业务协作和价值传输平台，使用区块链平台实现机构间的信息传输、可信共享，可以解决信息不对称的问题，打破信息壁垒，从而为机构间解决信任的问题，提高业务办理的效率，并为政府监管提供有力支撑，让政府、企业可以提供更高效、便捷、合规、合理的民生服务。

从理论上讲，所有需要信任支撑、价值交换、多方协作的民生服务都可以通过区块链技术提供解决方案[5]。

1．借助分布式特性构建共享协同平台，提升业务效率

基于区块链分布式账本的特性，使业务产生的数据能够在上下游间快速共享同步，将原来需要串行处理的业务变为并行处理，并降低数据流动互通的成本，为各参与方的工作开展提供可靠、可信的业务协作和价值传输平台。利用区块链技术建立机构间的信息传输、可信共享通道，能够解决信息不对称等问题，提高民生服务质量。例如：

在“区块链+医疗健康”方面，传统医疗数据的存储及管理模式是通过医疗机构自建系统进行管理，由于医疗数据对数据隐私及数据安全的要求，医疗数据往往较难实现跨机构共享及使用。通过区块链技术打造去向及使用记录可追溯的医疗数据协作平台，可以有效帮助医院间协同诊疗、联合科研等业务场景下的高效协作，助力医疗健康行业发展。

在“区块链+养老服务”方面，应用区块链技术连接各级民政部门及各地养老机构，实现居家养老服务、机构养老服务的及时录入及存证，并实时反馈给老人子女及监管机构，实现养老服务质量评价、激励、提升的正向循环，推动基层养老健康发展。

2．业务数据可信存证，提升业务过程的透明度

相比于传统数据库，区块链技术可以使数据的可信度和真实性得到有效保障，也可以大幅提升存取证效率、降低成本，让数据得以可信沉淀。同时，块链式的数据结构天然地为数据信息赋予时序性，为数据的溯源提供了可靠的底层支持，符合食品安全、公益等民生领域对过程数据透明的要求，可以增加民生工作的公信力，并为信息审计、社会监督提供有效途径。例如：

在“区块链+商品防伪”方面，基于区块链的供应链溯源应用可以打通生产、流通、销售等环节的机构，通过对商品赋码的形式，将涉及特定商品的分散在各个机构间的信息管理起来，从而利用区块链实现商品全生命周期信息的管理，并确保商品的唯一性，从而减少假货、劣等货的情况出现。

在“区块链+公益慈善”方面，基于区块链的透明公正、可信溯源的天然特性，可以建立新型慈善捐赠体系，通过联合区块链存证、物流追溯、交叉验证、大众监督、监管机构监管的能力，为慈善机构提供具备可信存证、

慈善数据上链的信息化平台，将慈善机构所接受和发出的善款、物资信息上链，并对社会提供可信、透明的查询监督手段。

在“区块链+社会救助”方面，区块链具有很强的可追溯性，可以将最需要救助的对象信息全部上链，将捐赠人、受捐人与受捐项目直接关联，还可以将参与社会救助的全过程上链，确保每笔款项流向清晰且不被篡改。通过多方共同体参与监管社会救助的过程，保证受捐项目的公开与透明。通过实时跟踪救助对象，以及对救助过程的跟进，确保能够帮助真正需要帮助的人，而不是被某些人恶意骗取社会救助。

3. 构建分布式数字身份体系，实现链上身份验证

身份认证是民生服务的基础，对于区块链在民生领域的应用，民众真实身份和链上数字身份的映射机制是必要的。因此，需要构建分布式数字身份体系，实现链上身份验证，帮助民众在区块链网络中自证身份、申明意愿、管理自己的资产及信息。基于分布式数字身份体系，政府可以快速地统筹管理分散在不同机构中的民众信息，从而提供精准、优质的民生服务。例如：

在“区块链+就业服务”方面，区块链能够为民众建设数字身份体系，通过数字身份串联起分散在不同机构间的如教育、历史工作情况等身份信息，形成民众电子档案，帮助民众更好地展现自身技能，实现更高效、精准的就业匹配。同时，基于数字身份体系构建更灵活的就业撮合平台，可以促进“工作线上化众包”等模式的成型，民众可以凭借数字身份在线上申请参与工作，利用区块链智能合约对薪资进行计算，并将收益分配给民众数字身份对应的账户中，实现高效、灵活的就业新模式。

在“区块链+医疗服务”方面，医疗机构间协同分级诊疗工作涉及大量医生和病患的隐私信息，信息交换过程存在隐私性和合规性问题。利用区块链数字身份进行数据访问权限控制的方法，使患者通过数字身份进行隐私信息授权，医生通过数字身份进行诊断结论签名，并要求联盟链处理较高加密级别的数据和较为关键的信息时进行严格的授权验证[6]，实现权责划分清晰，授权过程可追溯。

9.1.2 应用落地面临的问题和挑战

由于传统的业务模式、区块链自身技术特性等原因，当前区块链在民生

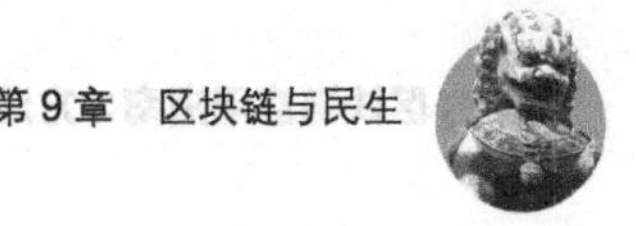

领域的应用还存在一系列挑战，具体包括如下 3 个方面。

1. 区块链技术带来的业务模式变革与现有模式的冲突

区块链技术是一种强调多方协作的技术，只有多方协作才能发挥区块链的价值。目前，大多数民生领域业务都已经形成较为成熟的模式，且都存在业务中心，业务中心对业务流程、管理模式具有较为强势的话语权。区块链多中心化、去中介化的特性将所有业务参与方拉到平等层面，形成新的业务模式。由于业务权属划分、利益分配的改变，旧业务模式向新业务模式的过渡往往在推进过程中会受到多方阻力，这也是当前区块链在民生领域落地将面临的最大挑战。

2. 区块链系统建设问题与系统对接问题

区块链属于分布式系统，与中心化系统不同，区块链系统必然带来业务参与方对系统管理权限的划分，建设主体及使用权争议等情况。针对这类系统的开发、管理规范现仍处于不健全的状态，这也就意味着区块链应用在推动落地过程中的阻力会比传统应用更大。同时，区块链系统与现有的业务系统对接也是在项目实施落地阶段必然面临的问题。

3. 区块链性能及功能特性带来的落地挑战

区块链技术的共识算法、智能合约、数据存储模式等技术点为区块链带来防篡改、降低信任成本的能力，但也引入如数据隐私、数据量、系统性能等问题。

- 数据隐私问题：传统区块链系统要求所有数据在所有节点保持一致，这也就导致所有上链数据对所有参与机构而言没有隐私，这对于很多民生场景，尤其是医疗领域影响较大。国内部分区块链厂商针对区块链系统中的数据隐私保护提供了不同的解决方案，但由于不同业务场景中隐私保护的需求不一，目前尚缺少通用的隐私保护方案。
- 数据量问题：区块链存储的特性是在多个节点存储多个副本，这对大数据量的应用场景并不友好。以医疗场景为例，一个医疗机构每月产生 TB 级别的病历、影像数据，使用传统区块链模式，将这些数据全部上链存储，在现有硬件条件下难以实现。

- 系统性能问题：区块链应用覆盖范围扩大、使用人数上升对区块链平台的性能有更高要求，如何满足商品防伪验真、工作众包等业务场景中高频的用户访问需求也是区块链系统面临的又一挑战。

9.2 应用场景与实践

9.2.1 医疗数据共享

1. 区块链提供的解决方案

医疗数据共享是指在各级医院之间对患者病历信息、影像信息、医疗信息等进行高效、安全的共享。医联体属于医疗数据共享的一种典型模式，是将同一区域内的医疗资源整合在一起，建立大医院带社区的服务模式和医疗、康复、护理有序衔接的服务体系，构建分级医疗、急慢分治、双向转诊的诊疗模式，促进分工协作，合理利用资源，以解决民众看病难的问题。以上海嘉定区为例，2018 年全区 5 家区级医院和 13 家社区卫生服务中心组成医联体[7]，社区医院将患者医疗影像传输至嘉定区中心医院，由区中心医院影像科的医生诊断分析，使患者在家门口的社区医院就能享受二级医院的诊断服务。

尽管业界在医疗数据共享方面开展了一系列探索和创新，然而当前医疗数据共享模式还存在以下问题：一是医疗影像数据等数据量庞大，保存时间长，难以进行云端集中存储，由各医疗单位各自存储，难以实现跨院数据共享；二是同一患者医疗数据分散在各医院，难以进行有效识别和协同，患者在不同医院就诊通常需重复做相同的检查；三是医疗数据共享由医院间交互实现，患者授权环节缺失，对患者隐私安全造成威胁。

区块链安全、透明、共记一本账及防篡改的特性，改变了常规的数据保存和数据共享方式，可有效保护隐私数据，明确数据权责，降低共享成本，是解决当前医疗数据共享难题的重要技术。以医联体为例，可应用区块链技术，建立以居民电子健康档案和电子病历信息全面共享为核心的分级诊疗信息平台。通过构建智能调度模型，将患者的求医信息与医疗机构进行精准匹配，按需最优分配患者首诊、复诊机构，并做到有效的流程监控与把关，实现信息全过程记录、易调取。此外，还可为患者提供影像数据采集授权、专家诊断、诊后康复及重病送诊等全方位、一站式服务。

通过区块链技术的应用，可以实现以下目标：

- **构建医疗影像数据共享体系。**通过在卫健委和多级医院分别部署区块链节点，打通联盟内各医院的医疗数据，促进医疗影像数据的高效可信共享。
- **建成链上链下数据协同存储模式。**为解决医疗数据存储规模大、时间长的难题，区块链可实现将医疗影像数据分散存储在各医院的医学影像信息系统（Picture Archiving and Communication System，PACS）内部，将影像数据元信息上链存储，形成链上链下数据锚定，其他医疗机构在查询和获取数据授权后可调用相应数据。
- **在充分保障患者隐私的前提下，形成以患者为数据主体的医疗数据集。**各医疗数据均与患者数字身份进行关联，患者通过区块链数字身份可对自己的诊疗数据进行管理和查看，医院间数据共享也需由患者进行医疗数据的授权，同时诊疗信息全部上链，确保诊疗记录可追溯，为患者就诊提供便捷化、可信化服务。

基于区块链的医疗数据共享方式，可促进医疗数据的跨院共享，提高医疗影像数据的利用效率和价值，推进各医院医疗技术互通；医生获取患者过往诊疗记录，结合患者病情可给出更好的诊疗方案；同时，区块链数字身份又有效保障了患者的数据隐私权，从而为患者提供可信赖的医疗服务。

2. 应用案例：基于区块链的医疗大数据科研平台

国家感染性疾病临床医学研究中心大数据科研平台是由杭州数钮科技有限公司协同全国 49 家核心单位共同建设完成的，首批落地浙一医院、西溪医院等 4 家医院，助力新冠肺炎疫情防治研究。国家感染性疾病临床医学研究中心大数据科研平台，利用区块链技术特性解决信任问题，提供可管理、可审计、可追溯的医疗科研数据分享，同时注重隐私安全，从数据脱敏、安全传输等方面建立有效机制。该平台设计有认证用户、机构管理、系统管理等多种角色，可以有效管理医疗科研数据的生产、传输和应用的完整生命周期，以区块链存证用户权限、数据日志、操作日志，保证安全数据共享，提高样本容量，助力医疗科研事业。基于区块链的医疗大数据科研平台如图 9-1 所示。

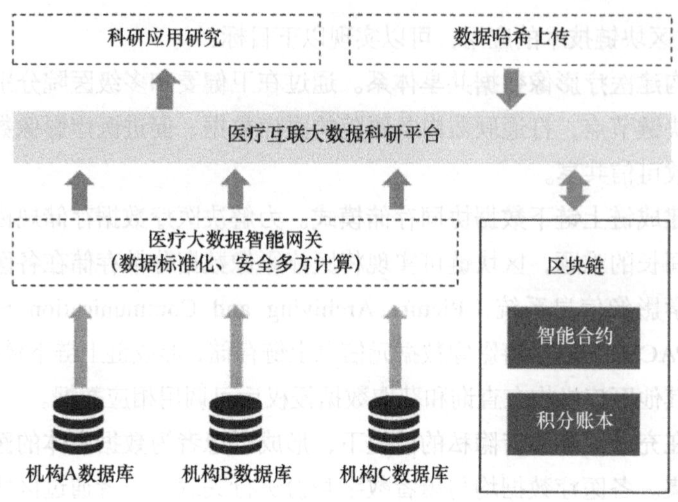

图 9-1 基于区块链的医疗大数据科研平台

9.2.2 药品溯源

1. 区块链提供的解决方案

药品在流通过程中存放不当或假药出售等问题严重影响了消费者生命安全。近年来，国家药品监督部门也在不断加强对药品流通的监督，打击假药、管控药品质量、保护患者安全。同时，医药企业也希望通过全流程、自动化的药品监控，减少人为失误、优化供应链、提高流通效率等。医药行业亟须规范化和流程化的机制来规整行业管理体系和风险管控机制。

药品难验真伪及追溯数据的缺失、滞后，给监管带来了极大的困难，主要存在以下问题：

- **风险事件无从预防，管控缺乏有力抓手。**生产流通企业无法获取药品流向全貌数据，导致企业在药品销售过程中经常发生滞压或缺货的现象，药品企业营销管理困难，流通窜货情况多，不仅难以保障消费者安全，也阻碍了医药企业的发展，更严重扰乱了药品市场环境。
- **稽查效率低下，追查执法困难。**药品经过原料药厂家、制药厂、一级或多级批发商、零售商，以及中间多个运输环节，最终到达消费者手中。参与方各自维护自己的业务数据，监管机构只能通过层层统计上报的方式获取信息，难以获得全面的药品质量和流通信息，

如有质量问题，难以认定问题产生环节。

- **药品数据不透明，消费者难验真伪。**对消费者而言，由于药品追溯数据链条不完整，药品真伪难以验证，当发现药品质量问题时，公众投诉举报缺乏途径，安全用药无可靠保障。

区块链技术的可追溯性、防篡改性，天然地适用于溯源场景，而药品行业对真伪验证和溯源的需求也更高于其他行业。区块链在药品溯源过程中应用的优势包括：

- **建设区块链全链条管理体系，加强药品质量管控。**区块链可以对药品生产、流转和销售的各环节信息进行全面采集，并对药品样本进行抽查检验，将检验结果公示，配合实行药品源头赋码、标识销售，从而实现药品有检测、过程可追溯、认证可信赖。
- **为依法审查追责提供有力证据。**通过区块链存储药品生产、流通、消费等环节信息，实现药品来源可查、去向可追、责任可究，对违规行为追责提供有效数据支持。
- **形成穿透式监管，推动药品行业发展。**通过在区块链网络部署节点，药品监管机构可实时查看区块链上的全量数据。从生产到消费全流程关键信息的把控可以将监管机构从烦琐的信息采集流程中解脱出来，还可以通过智能合约设置监管的颗粒度，实现真正的穿透式监管。消费者也可以通过扫码查看药品流转全流程数据，对遇到的质量问题可以及时进行举报。依托生产、流通信息透明化，以及区块链自身的防篡改性和可追溯性，监管部门可以及时发现不合格企业，有助于肃清行业氛围，推进行业健康发展。

2．应用案例：基于区块链的药品追溯综合服务平台

2019 年，中国建设银行山东省分行与山东省药品监督管理局一同开发了基于区块链的药品追溯综合服务平台[8]，以“一物一码、物码同追”为方向，协同构建“来源可查、去向可追、责任可究”的全品种、全流程的药品追溯综合服务平台（见图 9-2）。该平台由药品追溯监管平台、药品追溯平台、公众查询平台 3 个部分组成。药品追溯监管平台主要通过采集药品全流向追溯数据，实现山东省内药品从生产、流通到使用的全环节监管，提高“省市县”药品监管信息化管理水平，为零售药店和医疗机构提供药品出入库、扫码售出和相关信息的查询、上送功能，并基于药品“一物一码”，为消费者提供药品溯源查询。

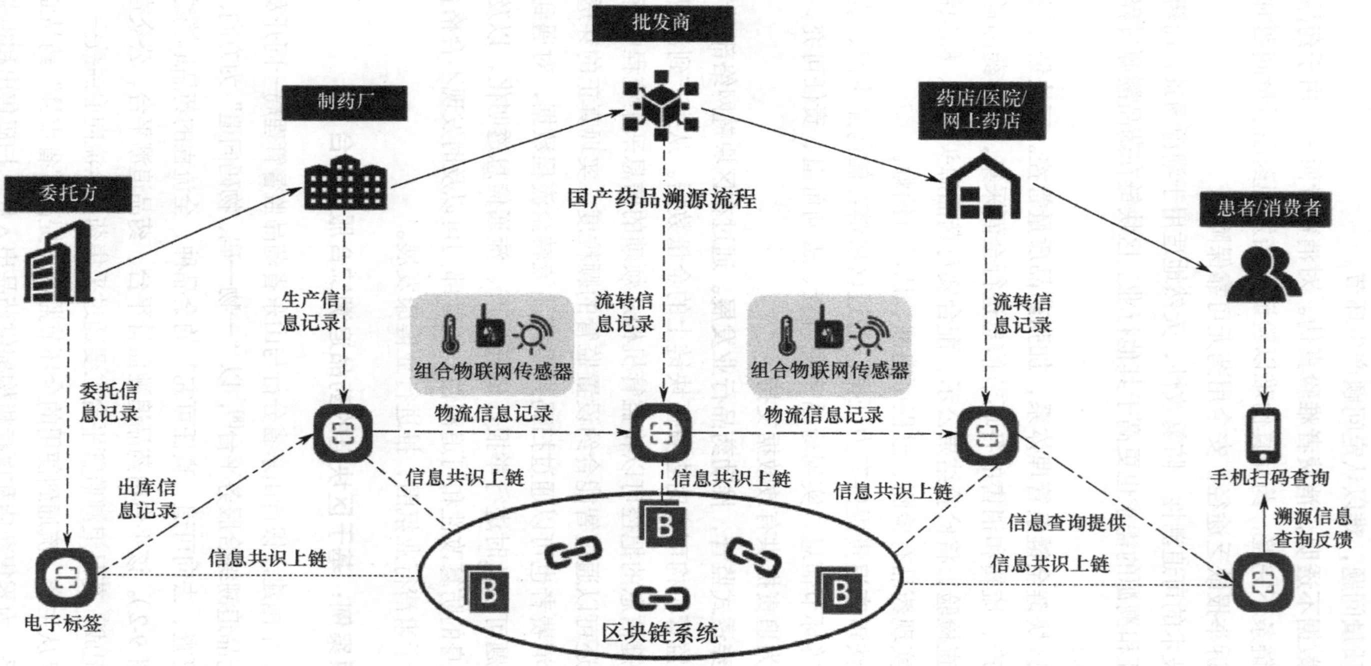

图 9-2　药品追溯综合服务平台为消费者提供药品溯源查询服务

9.2.3 善款管理

1. 区块链提供的解决方案

传统公益慈善项目中，无论是善款捐赠方还是平台方，通常都难以对捐助善款进行实时监督和追踪，多由公益机构组织人工向社会和监管部门进行捐助项目的图文反馈。这种透明化程度较低的捐款形式难免导致公信力的不足，不仅无法保证善款的精准捐助，也在很大程度上阻碍了捐助者参与慈善的热情。在新冠肺炎疫情期间，当前慈善捐款存在的痛点和问题被再次凸显和放大。捐款方对慈善平台的透明化程度提出了更高的要求，每次捐款行为的公益账户、资金流向、项目流程和执行结果等都应做到环环相扣、清晰明了，才能保证慈善捐款行为的成果和效率。

现有慈善行业暴露出以下痛点：

- 造假行为难以监管。由于监管认证的缺失和信息披露机制不完善，受助信息难以验真，慈善机构行为缺少约束，慈善机构如有发布造假信息或贪污善款行为则难以被监管，这也直接导致慈善机构的信任危机。公益慈善行业急需提升社会信任度。
- 捐款资金下拨慢。在传统业务中，慈善机构需向等级管理机关提交申请材料进行慈善组织认定，认证过程烦琐，流程时常出现耗时约 20 个工作日的情况，捐助行为的时效性低下，使受助者难以及时拿到善款，善款的救急效益被大大削弱。
- 善款流向不透明，信息公开不及时，善款拨付不精准。当前捐助信息公开不及时，缺乏资金追溯、审计手段，善款流向难以做到系统级追踪，常造成重复捐赠、拨付和捐助不对等、缺乏追溯手段等现象。

区块链在数据共识、信息同步和存证溯源等方面具有天然的技术优势，基于区块链搭建多方信息共享和业务协同平台，各方以不同类型节点加入联盟链形成新的善款管理业务模式，可以有效解决以上痛点。

- 打通各参与方业务系统，实现全链条数据透明化记录。需求方在平台上发布需求信息，权威机构进行信息认证，捐赠方发布捐赠信息，物流和银行分别上传物资和资金流转的信息，通过区块链将慈善捐助的全流程进行记录和关联，由智能合约进行验证，可有效杜绝捐款环节的造假。

- 捐赠信息可追溯，便于审查追责。由于区块链的防篡改性，捐助信息一旦上链存储，便无法被更改，当需要进行资金审计或司法追责时，区块链可以提供权威的数据证明，使捐款行为有据可依，有据可查。
- 信息公开透明，资金穿透式监管。基于区块链进行关键数据的存证和共识，捐助信息对各参与方公开透明，慈善机构可对信息进行公示，接受社会监督，提升机构公信力；同时，监管机构作为其中一个共识节点可全量查看链上数据，全面监管捐助行为，穿透式监察资金拨付情况，保障捐助过程的公正公开。

2. 应用案例：基于区块链的慈善捐赠溯源平台

2020 年 2 月 10 日，由杭州趣链科技有限公司开发和提供技术支持，中国雄安集团数字城市公司负责业务运营的慈善捐赠溯源平台“善踪”正式上线，该平台利用联盟区块链网络，为新冠肺炎疫情中慈善捐赠提供全链路可信、高效的解决方案[9]（见图 9-3）。除捐助数据全程上链可追溯外，该平台还提供方便、快捷的链上信息浏览入口，对所有人提供公开的捐赠信息查询服务，保证社会各界对平台内部信息的了解权利，提升捐赠行为的信息透明度与公信力。该平台还致力于打通慈善捐赠的全流程，包括“寻求捐赠—捐赠对接—发出捐赠—物流跟踪—捐赠确认”的全部环节，优化各环节中的信息流通与实际运转的行为时间，以降低完成捐赠的难度，提升捐赠的效

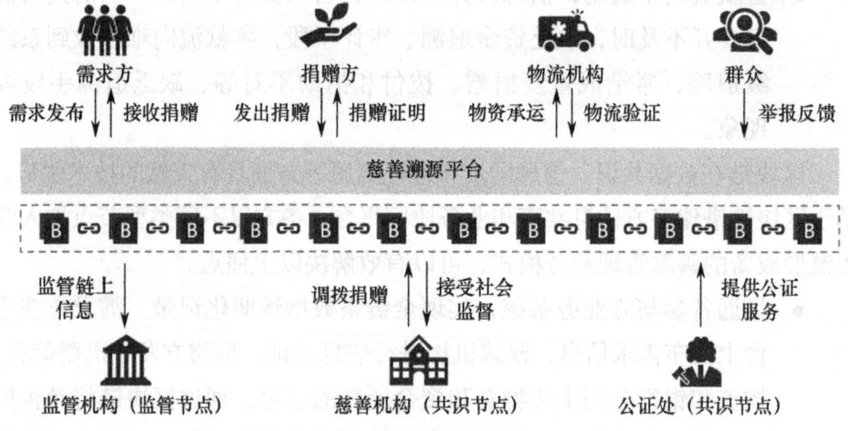

图 9-3　区块链善款管理基本模式

率。此外，该平台还会提供法律保障，由杭州互联网公证处为该平台提供相应的公证服务，以法律手段切实防范诈捐等不诚信行为。截至 2020 年 2 月 27 日，已有逾 200 家企业在该平台注册，其中，多家企业向湖北地区的医院及慈善机构发起了抗击新冠肺炎疫情的慈善捐赠。平台上链的捐赠数据已近 600 条。

9.2.4 众包薪资

在国家大力倡导“双创四众”的背景下，服务众包行业迎来了巨大的发展机遇。众包平台以众包模式招聘社会闲散人力资源，承接发包方任务，从而形成强大的线上招募培训会员、线上发布项目、线上执行生产、线上运营管控一体化的众包服务能力。

传统的众包业务流程一般由发包方进行任务包发布，由会员抢包后进行各业务类型的外呼作业生产；在生产完成后，平台方对会员生产接续情况及质检情况进行评级与考核，将定时结算工作量并通过支撑方进行酬金发放。通常来说，业务平台会关注拓宽众包业务开展的范围，延伸众包服务质量，加强多方信息互联互通、资源共享与互信互换，业务上实现会员和相关方信息数据统一的、可信的管理。从这个角度来说，目前众包薪资服务还需在以下两个方面加强：一是在有效保障用户隐私安全的前提下，充分进行数据共享，发挥数据价值；二是准确评估生产工作，构建薪劳一致的众包模式。

区块链技术可对众包薪资平台进行技术上的赋能改造，可在以下几个方面对众包薪资服务进行有效提升：

- **构建生态联盟，创可信优质品牌。**联合平台方、支撑方、商务流程外包（BPO）企业及其他愿意加入的机构方，构建多节点区块链联盟，实现多方机构互通互信，数据确权存证、信息资源共享的众包业务生态联盟链，发挥数据潜力与价值，创造在线众包品牌新价值。
- **构建合理的薪酬体系与和谐的劳动关系。**可以通过区块链技术构建全新的薪酬计算统计与发放体系，由平台计算发包方应付工资和会员应得薪酬，实现薪酬结算明细的校对，薪酬由银行直接发放给会员，基于区块链构建透明的资金流、数据流，规范用工行为，建立和谐的劳动关系。
- **破解数据孤岛，共建可信存证价值链。**实现众包平台对支撑方、BPO 发包方的开放，破解数据孤岛壁垒难题，对加入联盟链的发包方会员生产记录信息完整上链，实现全程存证、可追溯、防篡改，并在区块链上完成数据调阅、信用存证等场景应用，有助于推进企业内部治理能力提升及众包业务生态的公平进程。

- **实现数据确权，保障用户隐私。**将区块链技术应用于大数据共享交易，基于智能合约的权限配置实现整个数据确权、共享、权限管控等业务流程，可以保证数据共享的有效性、真实性、实时性、安全性。并且，对会员的个人相关隐私类信息的确权和共享交易，涉及信息隐私的必须先得到会员本人授权同意后，信息获取方（发包方、众包平台方、支撑方等）才可以获得，从而充分保障用户的隐私安全。

如图 9-4 所示，对于众包平台，通过区块链平台进行存证的会员信息，保证了数据防篡改、完整性、可追溯性，形成了数据的公信力，减少了信息沟通成本；实现了对众包会员的考核，提升了会员能力和服务水平，吸引了更多 BPO 企业入驻。薪酬管理服务可以将薪酬清结算流程与结果透明化，使其清结算结果更具有公信力，同时将平台职责细化，降低平台运营风险。对众包人员，区块链为其工作量评定、薪酬发放和合法维权提供了有效保障。对 BPO 企业，区块链有助于其精准筛选优质众包人员，进行合理、高效的薪酬管理，提升其获取众包服务的质量。

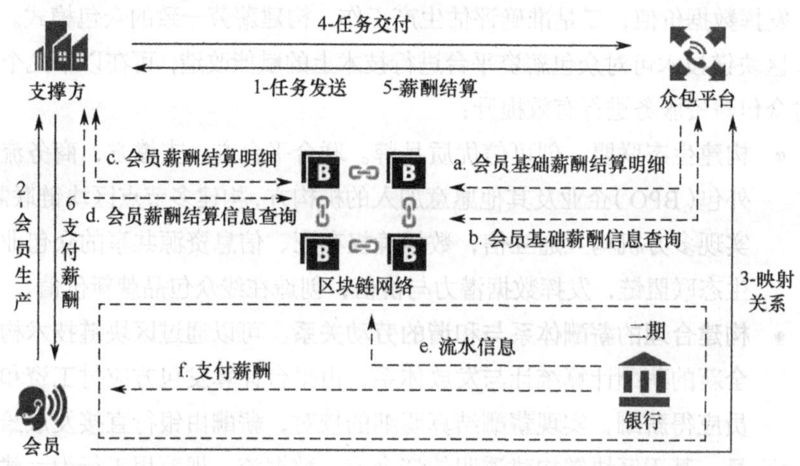

图 9-4　基于区块链的众包薪资薪酬结算模式

9.2.5　精准扶贫

1. 区块链提供的解决方案

扶贫工作是党中央、国务院的一项重要战略部署。党政机关定点扶贫是我国扶贫开发战略部署的重要组成部分，是新阶段扶贫开发的一项重大举措，对推动贫困地区经济社会的发展有着积极的意义。精准扶贫是扶贫工作的重要要求，要求对不同贫困区域环境、不同贫困农户状况，运用科学有效程序对扶贫对象实施精确识别、精确帮扶、精确管理的治贫方式，是当前扶贫工作的重心和难点[6]。

扶贫过程涉及大量的信息记录和资金流转，离不开信息化系统的支撑。而当前扶贫过程中存在项目申报流程长、项目进度监管难、扶贫资金使用不透明等情况，仅仅通过一般的信息化工程建设难以解决这些问题。区块链有助于数据共享和公开透明，基于区块链建设扶贫管理平台，可以实现扶贫工作全流程信息监管，扶贫数据防篡改、可信任、可追溯。如图 9-5 所示，系统通过区块链连接政府审批、政府监督、政府财务部门及扶贫企业、商业银

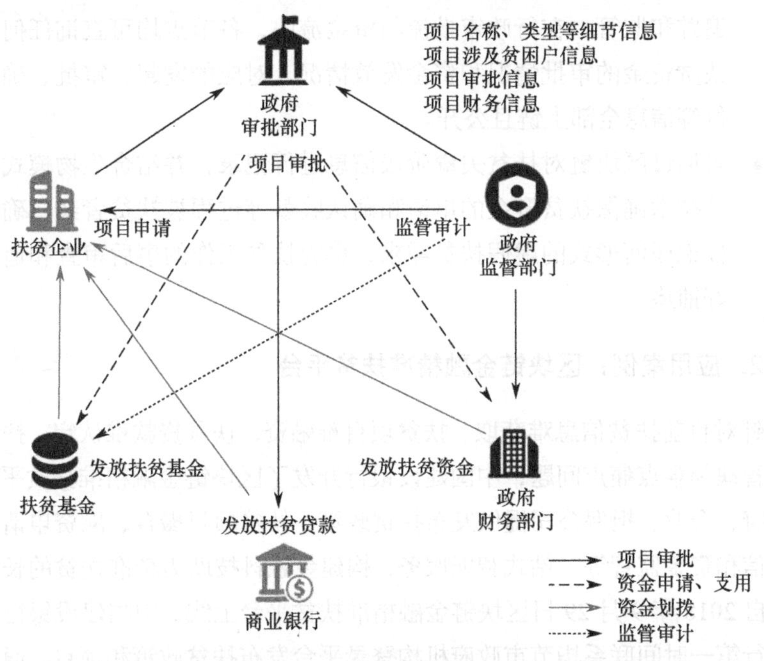

图 9-5　区块链精准扶贫基本模式

行等机构，利用区块链记录扶贫项目申请、审批、扶贫资金发放、项目监督审计等环节的信息，保证扶贫工作全流程信息防篡改，确保扶贫信息可审计、可溯源。基于区块链存储的信息，实现扶贫工作全流程信息追踪及展示，并且可以为各参与方在扶贫贷款中提供信息统计、贷款流程实时监控和效果评价等服务。

在精准扶贫工作中，区块链主要可以提供以下服务：

- 甄别贫困信息，确认扶贫对象。精准扶贫需要能准确把握贫困者的状况，利用区块链可以打通工商、税务、银行等相关机构的信息系统，全面了解扶贫对象的资产和征信情况，确认贫困信息，避免申请骗补行为。同时，由区块链完成扶贫信息的层层上报工作，实现链上审批、审核，可以避免扶贫工作者贪污腐败。此外，也可以通过区块链将扶贫关键信息与监管机构和政府公示机构打通，确保扶贫申请和审批的公开透明。
- 通过区块链记录资金流转的过程。政府部门通过链上发布扶贫清单、时间段，银行以此确定贴现金额等信息并于链上发布，扶贫办等政府部门则可根据该信息划拨资金并对整个扶贫资金流向进行穿透式追踪和监管。在行政审批流与资金流中，各节点均可查询任何一笔扶贫资金的审批情况和资金发放情况，对应的发起、审批、确认拨付等信息全部上链且公开。
- 可通过区块链对扶贫关键阶段信息进行记录，并结合生物模式识别等技术确保扶贫资金的申请和确认收款等过程被扶贫者亲自确认，杜绝任何形式的虚假扶贫需求，也为扶贫工作的事后审查和追责做好铺垫。

2. 应用案例：区块链金融精准扶贫平台

针对目前扶贫信息难获取、扶贫项目难融资、扶贫贷款难认定、扶贫资金难管理等难点痛点问题，中国建设银行开发了区块链金融精准扶贫平台，为政府、企业、担保公司提供发布扶贫政策、扶贫项目撮合、融资申请、担保增信和资金监管等一站式智能服务，构建金融科技助力精准扶贫的长效机制。自 2018 年 9 月 29 日区块链金融精准扶贫平台上线，中国建设银行贵州省分行第一时间联系毕节市政府机构登录平台发布扶贫政策和项目，通知企业客户线上提交扶贫项目融资申请，并及时完成了融资受理、申报、审批等流程。中国建设银行贵州省分行通过区块链金融精准扶贫平台已成功投放全国首笔项目精准扶贫贷款 1 亿元，有力地助推了深度贫困地区脱贫攻坚[10]。

9.2.6　征拆迁管理

1. 区块链提供的解决方案

征拆迁工作事关百姓切身利益，必须坚持公开、公平、公正原则。区块链的多方共识特性可在前期流程和政策设计上最大限度地压缩腐败和寻租空间，确保征拆迁资金拨付过程透明、公正，创新政府治理模式。

利用区块链技术交易可追溯、防篡改等技术特性，在征拆迁管理工作上可以带来以下提升：一是信息公开透明，可以实现征拆迁测量信息、征拆迁项目与合同信息、征拆迁资金拨付审批、资金支付结果查询等全流程链上管理，使征拆迁资金拨付工作阳光透明，降低人工操作和校对风险，提升征迁资金拨付效率，增强透明度。二是通过数据互联互通、打破数据壁垒，打通政府机构、金融机构及相关合作方系统数据交互通道，助力区域数据开放和共享融合。三是金融服务融合，通过与银行金融产品服务实现精准对接，量身打造特色化支付结算、供应链融资、信用贷款、个人融资等创新产品，可以满足多样化的支付和融资需求。

2. 应用案例：某新区征拆迁安置资金管理区块链平台

2019 年 5 月，某新区征拆迁安置资金管理区块链平台启动运行，该平台由新区管委会、中国工商银行、中国农业银行、中国银行、中国建设银行等联合打造，利用区块链技术实现征拆迁原始档案、资金穿透式拨付的全流程链上管理，实现物料设备、劳务工资等资金流转过程全程留痕。征拆迁安置资金管理区块链平台赋能政府治理模式创新，在确保征拆迁资金拨付透明、公正的同时，以征拆迁资金拨付为纽带，打通政务与金融数据，联动金融机构进行资源和服务整合，助力新区建设。截至 2019 年年底，已通过该平台拨付征迁资金近 39 亿元，惠及 5700 余户群众。区块链平台资金管理模式广泛应用于征拆迁、工程建设、住房租赁等领域，不断扩展和完善新区 1+2+N 应用场景，融合政府、企业、金融机构，优化政务民生服务，实现产业赋能，助力打造开放、共享的智慧城市新生态。

参考文献

[1] 黄达明. 区块链技术在教育领域的应用现状与展望[J]. 南京信息工程大学学报(自然科学版), 2019(5): 541-550.

[2] 习近平. 决胜全面建成小康社会 夺取新时代中国特色社会主义伟大胜利——在中国共产党第十九次全国代表大会上的报告[M]. 北京：人民出版社, 2017.

[3] 刘焱，吴晓翠. 习近平新时代民生问题的研究[J]. 改革与开放, 2018(6): 101-102.

[4] 中国信息通信研究院. 区块链白皮书（2019）[EB/OL]. [2019-11-08]. http://www.caict.ac.cn/kxyj/qwfb/bps/201911/P020191108365460712077.pdf.

[5] 朱红灿，王新波. “区块链+民生”：内涵、形势与任务[J]. 广西师范大学学报（哲学社会科学版）, 2020(1): 76-86.

[6] 王介勇. 我国精准扶贫实践中的精准化难点与对策建议[J]. 科技促进发展, 2017(6): 412-417.

[7] 上海嘉定组建四大区域医联体，全专联合提升医疗服务能力[EB/OL]. [2018-06-08]. http://sh.people.com.cn/n2/2018/0607/c134768-31675146.html.

[8] 药道溯源，孵化大健康生态圈——建设银行山东省分行药品追溯体系建设推广纪实[EB/OL]. [2019-04-29]. http://www.ccb.com/cn/ccbtoday/newsv3/20190429_1556524628.html.

[9] 石亚琼. 2020“战疫”：科技公司在行动[EB/OL]. [2020-02-12]. https://36kr.com/p/1725095346177.

[10] 借力金融科技战略，建行多管齐下精准扶贫[EB/OL]. [2019-04-10]. http://www.ccb.com/cn/ccbtoday/newsv3/20190410_1554863762.html.

第四部分
治理规范篇

区块链的广泛应用与良性发展，离不开治理与规范。区块链的基础技术演进和大规模多类别应用，需要开展有序、协同、可持续、链上链下相结合的治理，需要系统、合理、有效的应用评价体系，更需要在研究和实践中形成标准，增强话语权，推动和引领整个行业的技术进步和应用落地。

第10章 区块链应用治理

在区块链系统中，一个新区块的形成，需要经过各个分布式节点的验证和确认，区块链系统的稳定性和正确性，部分依赖区块链应用的治理。随着区块链技术的不断发展，区块链的治理扩展到在智能合约环境中的线上和线下交易合约治理。近年来，我国区块链应用快速发展，不同区块链之间的信息和资产跨链交易不断增加，使得跨链治理也被提上了日程。

因此，针对公有链、联盟链和专有链等不同区块链体系，在系统正常运行失效时，区块链治理工作需要决定是否要暂停、推缓、修改和升级系统。可以采用线上或线下治理方式，引入相关的系统处理程序，改变系统的非正常状态。

根据治理过程的区别，区块链应用治理可以分为链上治理和链下治理。链上治理可以全自动化地高效完成整个治理流程，给予治理最大的透明度；而链下治理可以将治理决定适当放缓，集思广益，更加稳妥地完成治理决策。

近几年，区块链技术广泛应用于生活中的各行各业，囊括了公务、司法、知识产权、稀缺资源、金融、物流、教育、医疗健康、公益慈善等。区块链的不同行业应用各有优势，其治理需求也不同。当需要协同应用时，又面临着不同区块链之间跨链数据整合协同问题，需要解决区块链不同架构的跨链治理挑战。

目前的区块链生态，是一个在演变过程中，以去中心化区块链为标志，一步步扩展到各种多中心或弱中心化的联盟链和专有链共存的区块链生态。在这样的大规模、多类别应用场景下，开展有效、有序、公平和可持续的治理已迫在眉睫，其中包括系统经济学稳定的治理和权限管理的 IT 技术治理等。

10.1 概述

在发展初期，区块链系统正常运行所依赖的管理和控制程序主要由自动执行的共识机制决定，共识机制可以自动化地实现一个不需要人为干预、稳定运营的数字通证交换世界。这一自动、稳定运行的系统给经济金融系统管理带来了颠覆性的变革，其简洁的治理体系也成为数字经济交易中的一个典型范例。

区块链的主要功能是维持一个难以篡改的数字交易历史。该功能的实现过程，主要应用了计算理论中的单向哈希函数，利用哈希函数计算出历史记录的摘要，并由记账人放入数据交易新区块内。哈希函数的应用使得攻击者对任一区块的修改将会导致对此后全部交易数据的修改。这一方法在不同类别的区块链上都可应用，使其成为公有链、联盟链和专有链的数字交易历史数据防篡改性的基础。王小云特别指出，“哈希函数是区块链的起源技术，在哈希函数下的签名技术是区块链技术”[1]。

随着信息科学技术的发展，产生了众多分布式系统算法，将区块链基本理念与现实社会组织结构有效地结合起来，成为推动社会治理进步的技术基础，也提供了区块链技术实现的指导原则和以 IT 技术支撑的基本框架。

在区块链这样一个自动化的系统内，为了认定各个交易人的身份和记账人对应的权责，公钥密码学方法也被广泛应用于协议设计中。区块链技术可实现匿名性，它可将人类社会“自然人”身份与其在区块链系统中的“数字交易人”身份分离，并且保证系统中“数字交易人”身份的一致性。同时，区块链技术针对个体或小群体的激励机制，仍可以发挥其在经济学中的作用，这一激励机制在去中心化的共识机制设计中起到了关键性的作用。

共识机制在公有链和联盟链中都是分布式系统中的关键协议。从治理的角度来看，共识机制可以帮助大家在意见不同时，做出一个共同认可的决定。在分布式系统中，简单地广播固定的一个正确记账人收集的所有新交易并验证记录即可达成共识。但是，当系统中存在恶意记账人时，或多个记账人收集的交易信息不一致时，达成共识是有一定难度的。区块链技术中的工作量证明（Proof of Work，PoW）机制采用了一个经济学解决方案，可以有效实现共识。

PoW 共识机制要求每个记账人收集未记录的数字交易信息，将其打包，建立一个新区块。具体做法是要求记账人将[记账数据|随机数据]输入一个单

向哈希函数，若哈希函数的输出值满足一定条件，则称记账人求出哈希函数解。因此，为了得到满足条件的输出结果，记账人需要消耗大量算力，以寻找合适的随机数据。在区块链系统中，多个记账人同时寻找随机数据以求哈希函数解。PoW 共识机制规定第一个求得哈希函数解的记账人将赢得记账权，有权将其打包的新区块上链，并广播给系统中的其他记账人。其他记账人收到新区块后，将检验赢家的新区块是否合规，若合规，则将该区块记录到自己的账本中。可见，记账人算力越大，找到合适随机数据的速度越快，赢得记账权的概率越高，这一概率与其算力大小成正比。

我们也可以从经济学角度来理解 PoW 共识机制的运作方式，其中记账人付出算力成本参与记账的行为可以视为他们参与一场需要缴纳报名费的拍卖活动，当报名费达到一定要求时拍卖成交，拍卖赢家则从参与拍卖的记账人中，按照个人所付金额成正比地随机选出。

这种以算力为成本的设计方法，是保证区块链正确性的经济学基础，是设计与实现区块链共识机制的核心，大大简化了分布式共识机制的实现。

以太坊作为 Vitalik 为第二代区块链做出的首创设计，将简单的数字交换历史记录直接扩展到任意可能的数字处理的图灵完备计算中，并将其统称为智能合约。这一扩展大大推广了区块链的应用。特别地，在数字金融、物联网、智能制造、供应链管理和数字资产交易等不同环境下的应用，需要将各类法律法规的要求放进智能合约中实现，使其成为区块链设计的一部分，这对相应治理规则的制定提出了新的挑战。智能合约在扩展区块链技术可用场景的同时，为区块链应用治理提出了新挑战和新思路，也大大提高了区块链正确性分析的难度，将区块链应用治理真正提上区块链技术发展的议程。

区块链 3.0 定义为价值互联网的内核，用来对每个互联网中代表价值的信息和字节进行产权确认、计量和存储，从而实现互联网价值资产在区块链上可被追踪、控制和交易。郑志明将区块链 3.0 评价为分布式价值的互联网，认为其将逐步成长为成熟的数字经济基础设施，提供基于规则的可信智能社会治理体系的整体框架[2]。许多学者也认为区块链 3.0 将会成为未来智能社会建立最基础的诚信协议，而区块链应用治理将为成功实现这一目标提供最重要的基础。在区块链 2.0 时代无法有效解决的困难，将在区块链 3.0 新框架下得到解决。但同时，区块链 3.0 需要面对跨越不同经济体，特别是跨越数字世界和物理世界不同区块链间，进行有效治理的难题与挑战。

依照区块链技术的发展进程，区块链应用的治理经历了三个阶段。每一阶段的治理一方面扩展了区块链技术的应用能力，另一方面也提出了其需要应对的更丰富的治理任务。为实现这一治理目标，我们需要不断创新链上链下的技术设计，实现区块链应用的有效治理。

10.2 区块链应用治理的链上和链下设计

与传统经济甚至是数字经济形成鲜明对比的是，新兴的区块链经济从多个方面改变了传统机构治理的概念。由于公有链系统中的参与者和决策者可以未经许可加入和退出系统，使得区块链系统治理的正确性要素必须建立在个体行为一致性的条件之上。这一特点改变了我们过去对经济活动机构治理的理解，也使得区块链应用治理需要从不同角度来设计和分析。

10.2.1 区块链不同于电子货币的治理方案

在区块链 1.0 时代，比特币承续了电子货币的基本治理体系，但其最独特、最成功的创新之处是 PoW 共识机制以及比特币出块奖励的激励机制设计，利用个体利益的激励方案实现区块链系统的整体一致性的治理。

首先，PoW 共识机制通过使用密码学技术的哈希函数来保证时间的一致性，同时也保证了历史交易数据难以被篡改。经过每一时间段的共识，系统将交易数据高效地保留下来。在区块链 1.0 的治理中，现代密码学技术为共识机制的成功实施起到了巨大的作用，哈希函数、单向函数、非对称密码体系、零知识证明同态加密等各种密码学技术在不同阶段反复出现在区块链的发展过程中，其中密码学的单向函数方法可以让 PoW 共识机制公平、公正地选出区块链分布式账本的记账人。可以说没有现代密码学，就没有今天的区块链。

其次，如何在分布式系统中，通过每一个体的努力得以实现所有参与者想要实现的共同目标，是区块链分布式理念实现的一个最重要的治理问题，即机制设计问题。区块链 1.0 将激励机制的设计应用至共识机制的实现过程中，这是机制设计的一大创新。有效的奖励机制，可以促进每位参与者为实现系统共同目标而付出积极的努力，同时也解决了长期存在的分布式计算难题，大大提高了大规模分布式节点共识计算的效率。

共识机制与激励机制的设计与实现，赋予了公有链在不完全友好的环境下，正确执行指令的超能力。在公有链所要求的开放执行环境中，其对共识要求很高，使得某些具有更高效率的共识机制无法被使用。但在联盟链中，高效共识机制的应用能够满足联盟链的需求，这为联盟链的机制设计留下了更广阔的发展空间。

10.2.2　区块链治理的在线执行与离线改进

由于区块链技术的广泛应用，使得被称为“程序如法律”的自动化运行系统得以实现。在区块链 2.0 时代，系统的实现依赖所有全节点一致执行相同程序，从而保证系统指令可以在分布式环境下的完整执行。区块链系统的线上治理完全依靠“执法”程序，以及对全节点和账本记录人的激励机制得以实现。为保证“执法”程序正确设计与执行，以太坊建立了一整套线下流程，决定程序的修改、更新和替换，并交由账本记录人和用户来推进和执行，同时尽力保障这些节点共同推动、共同决策，并接受其共同决定的将来。

建立在以太坊上的 DAO（Decentralized Autonomous Organization）机制，很好地体现了这一治理原则。由于 DAO 主程序上的一个小错误，大量资产被盗窃转移到一个独立账户，并被孤立起来。遵循“程序如法律”的原则，社区的一部分成员认为这份资产可以属于对方，而另一部分成员则认为系统应该回滚到这部分资产被转移之前的状态。双方争持不下，从而产生了区块链史上由于治理理念不同而造成的最大分叉。

现阶段的区块链治理过程是通过对程序的修改来实现的，以以太坊为例，由账本记录人、用户和基金会支持下的创始团队共同维护区块链的线下生态。ERC（Ethereum Request Comments）协议提出每个开源的社区都需要一个系统来处理成员提出的请求和对请求的采纳，EIP（Ethereum Improvement Proposals）提出了以太坊的改进核心协议及规则，要求最终的执行依赖系统参与人员对以太坊理念的共识，以及提案和领袖人物的影响力。

另一类常见的区块链治理方案是由用户和利益相关人士分别多次投票来做出决定。这类方案照顾了大多数成员或资产的意愿，也保证了系统的稳定性。在线治理保证了区块链系统的快速和自动化运转，而离线治理的必要性则可以归结为完全自动化的不可能性规律。如何确定出线上治理与线下治理之间的分界，可以说是区块链设计理论的最基本问题之一，它与 Arrow 的不可能性定理有本质上的联系[3]，是亟待解决的区块链技术研究问题之一。

10.3 许可链的经济激励治理与IT技术治理

许可链的治理由来已久，通常以专有链和联盟链的形式建成，一般来说，企业集团或公约组织内部建立的区块链大都为联盟链。David Yermack[3]认为，“在组织内部使用区块链技术，实现企业治理是一个巨大的进步，这可以与1933年至1934年以来任何一个重要的企业治理方案相媲美。”

许可链的治理与其应用系统的商业逻辑密切相关，在深入研究应用领域的过程中，会受应用中的商业逻辑、伦理原则及政治正确规约的影响而产生具体的治理目标。专有链的治理则可以针对企业资金、资源、订单和其他相关数据开展。

由同一行业企业联合而成的联盟链，特别是以商业活动上下游的物联网为基础的联盟链，其治理原则往往由已经形成的商业逻辑的联盟关系来决定。此外，区块链本身的难以篡改性、一致性等特点也可由各种适用于不同联盟的共识机制来实现，其中包括工作量证明（PoW）、股权证明（Proof of Stake，Pos）、权威证明（Proof of Authority，PoA）等。各类共识机制的区别往往被隐藏在系统已经接受的智能合约一致性共识之后，各自的功能则可以由智能合约的抽象模型来替代。

许可链系统需要对参与者的线上身份进行确认，并长期进行参与者链上行为的观察和分析。因此，在许可链中，职责、奖惩和系统法规等都可以发挥更大的功效，以满足系统设计的需求并使系统的安全性得到保障。

10.3.1 区块链的应用系统IT技术治理

基于工作量证明（PoW）和激励机制的设计，区块链采用对个体的利益激励来实现系统的整体一致性的治理；利用密码学技术的哈希函数方法，来保证区块链历史交易数据不被篡改，并通过每一时间段的共识机制实现高效率数据存储。区块链应用中的基于数据的治理，也广泛借鉴了现代密码学中一系列重要方法，包括非对称公钥体系、零知识证明、多人计算用于身份建立和核实、权限授予与监督、共识投票决策及监管与审计等治理技术，这些密码学技术在数据化的个体和联盟治理的过程中发挥着重要作用。

区块链技术在分布式系统治理方面提供了新的基于密码信息科学的方法论和技术手段，其中利用激励机制设计的系统治理方案担负起重要角色。

在同一商圈内由不同企业组成的区块链联盟里，通常的治理问题大都可以使用密码技术和激励机制这两类协议实现，例如专有链中成员的准入规则，以及联盟链成员之间的监督、协调、审计、裁定等权限配置等。

当传统的分布式系统治理方案在实现数据化后，一方面利用信息科学技术可以促进同行业一起推动商业和技术的进步；另一方面运用激励机制和市场设计方法可以让企业互助互利，营造企业间的合作竞争氛围，实现联盟链的安全有效运行。

廉正和透明度是许可链保证公平性目标的关键要素。智能合约的广泛应用，为安全、不可变且可审核的许可链应用提供了基础设施，并保证了许可链应用在实施过程中的真实性。此外，从应用层面来看，智能合约可以用来刻画由 IT 技术提供的密码学的应用，其中包括各种应用实施过程中的保密、完整、透明和安全性[5]。

在以比特币为代表的区块链 1.0 时代，工作量证明机制的理论设计在逻辑结构上原本可以完整地由线上治理来实现。但在比特币系统的运行初期，几次 IT 技术失误导致主链的分叉，需要人为地加以修正。真正试图将治理完全在链上实现的是由 Arthur Breitman 发展起来的 Tezos[6]。Tezos 的目的是建立一系列完整的功能，以防止区块链的分裂[7]。近年来，这一努力也使 Tezos 上的智能合约有了 COQ 程序上的完整验证[8]，同时其他链上的各类治理方案也在一定范围内得以成熟。

10.3.2 许可链经济系统的治理

许可链治理有别于非许可链治理，它在共识规则上有了较多的选择。在若干的非许可链中，也有许可成员参与到共识机制的执行中。同时，许可链参与成员的资质认证也是其简化共识机制的有利因素，保障了区块链系统的正确运行。即使在非许可链中，治理环节也会有许可链的因素出现，如以太坊中的核心开发人员，在线下治理环节中起到了关键作用，这一点在许多非许可链中也都出现过。许可链中的共识因参与成员的资质认证而大大加快，使得许可链的共识决策效率更高，减少了资源浪费。同时，不同许可链之间也存在治理的差异，包括成员在企业决策过程中角色不同的差异，职能委员会决策过程中全体成员最终决策权的差异等。

因此，在特定机构和行业的相关企业内部，使用专有链或者联盟链构建许可链系统，通过限制系统参与者的权限，可以将系统的治理任务大大简化。我国数字货币项目 DCEP（Digital Currency Electronic Payment）[9]的构建就是这样一个突出例子。DCEP 的设计分为上、下双层结构，上层通过中国人民银行基于传统货币来保证数字货币的生产，从国家层面发行和管理 DCEP 的数据处理和归属权，并提供技术支持；下层商业银行以 B2C 形式按照传统经济原则发放数字货币给商业客户，为现实经济活动中的货币用户提供数字货币。现实经济活动的交易通过 IT 密码学技术保护了用户的隐私，也可以通过可追溯性打击洗钱欺诈等经济犯罪行为。

DCEP 系统在设计过程中，其商业逻辑的治理直接对接传统金融体系，不会产生任何新的金融经济风险，在实现上消除了这类数字货币设计迫切需要解决的首要问题，从而降低了设计难度。此外，DCEP 系统利用成熟的区块链技术体系架构得以实现，无须引入新的经济安全保障技术。

粗略地看，区块链技术可以保证历史一致性和分布式账本的唯一性，但是将其应用于国家数字货币，还亟须建立和发展新技术来实现区块链在线治理和跨境安全治理。对于 DCEP，商业银行并不承担数字货币系统运行任务，而是由中国人民银行的技术团队集中负责系统设计和运行，大大降低了商业银行因使用和管理数字货币交易而被恶意攻击的安全风险。从这一点来看，相比于比特币和以太坊的体量和动态特性会被公有链生态所约束的现状，DCEP 的优势远远超过了公有链生态。

另一类重要的数字货币是由 Facebook 公司开发的 Libra，它也是采纳联盟链和专有链构架。Libra 除拥有 26 亿名用户基数的 B2C 优势以外，其金融体系治理设计建立在 3 个基础设施之上：①用区块链技术保障账本的安全性和系统的可扩展性；②提供与现实经济活动程度所匹配的传统金融资产作为线下货币（主要为美元）支撑（与 DCEP 类似）；③治理权归于 Libra 协会联盟。

Libra 技术系统的实现分为 3 个主要部分：①Libra 设计了 MOVE 程序语言（类似于区块链通用编程语言 GO）作为智能合约设计开源 Libra 核；②提供一个系统自带程序库，并以此建立了一个可控的许可链经济系统；③初期建立以创始成员为基础的 Libra 协会的联盟线下治理机制（计划后期转为公链体系）。

同时，Libra 使用 3 个步骤设计了区块链初期由简至深的治理方案：①由创始成员组成了区块链安全性验证者群体，以确保其忠诚度；②随着市场的成熟，以及投机者的减少，逐步转向 PoS 共识机制，以及由稳定的投资者决

策其发展方向的治理方案；③在长期竞争中，建立以声誉权和抵押权为代表的治理机制。我们可以使用以上治理方案，对虚拟加密货币 Libra 的治理进行均衡分析和激励设计，并可发现 Libra 的治理机制与比特币 PoW 共识机制的“全体参与者付费拍卖经济学方案”的最终理论结果一致。

目前，还没有成功实现过类似于 Libra 从联盟链到公有链的转移的其他虚拟货币。这个转移过程的理论依据是要有越来越分散的权益，在现实中是系统动力学发展的自然结论，它能否将先期设计的理想变为现实，是仍待解决的一个难题。

10.4　区块链生态环境治理之跨链设计

我国迅速发展的区块链经济带来了各类不同的需求，从底层技术、业界平台到物联网的各种实际场景，促使不同应用领域区块链的产生。在一个全局区块链系统产生之前，不同目标的区块链会不断形成和发展，以满足不同应用场景的个性化需求。这些带有不同目标的个体区块链整合起来形成一个大的区块链生态系统，其中个体区块链应用于特定场景的优势，保证了生态系统的效率和成功；与此同时，跨链技术的发展可以实现不同区块链之间的优势互补。在跨链技术出现之前，不同区块链之间的数据交换和相互交易十分困难，其原因主要是不同区块链共识机制的选择不同，各自的技术实现存在差异，相应地，治理方案设计存在差别。跨链技术成为解决多个区块链数据互通的重要方法之一，它可以帮助我们将分散的区块链联系在一起，将各个独立区块链的优势全部发挥出来。但是，跨链治理能否和单链治理协同发展仍是一个难题。

10.4.1　区块链广泛应用的跨链需求

在数据治理和数据开发应用领域的治理方面，区块链方法提出一套基本理论和分析工具，并发展出一幅基本技术解决的路线图。但是，各种专业应用区块链的产生，导致链间的孤岛越来越多，因此亟须发展用于打通孤岛区块链数据的跨链技术。

数据市场：在数据产权、数据流通、数据共享、数据经济和数字经济整体快速发展的今天，保障数据主体权利的呼声日益高涨，其中包括数据主体隐私权中数据主体应享有的知情同意权、访问权、拒绝权、被遗忘权、更正权等多项权利。区块链的透明公开特性、数据安全管理与数据隐私保护技术的发展，成为保障数据主体权利这一个重大挑战的基础。

政务区块链：在政务服务和企业管制过程中，数据共享是数据管理的关键。传统的管理体系需要平衡数据分配与数据隐私保护之间的关系，需要在解决方案和限制执行权限之间进行选取。将区块链技术引入政务服务和企业管制，可以更好地保障数据的正确和规范使用。

社会治理：数字社会的形成让数据的综合应用能够快速完成过去难以实现的任务。但社会数据的准确性会受各种因素的影响，导致数据缺失、被人为破坏或被篡改成假消息。如何消除虚假数据，是现今社会治理的重要挑战之一，而具有防篡改等特性的区块链技术可以为解决这一挑战提供有力支持。

股市交易区块链：针对企业和机构的治理问题，将区块链技术引入股市交易中，可以增加股权所有权的透明度，实现低成本管理、更准确记录和保存交易数据。

以上区块链技术的优势可以为各类实际应用带来更大的发展契机，但同时也导致数据更加分散。跨链统一治理的理论与技术，可以很好地解决数据分散问题。但如何将海量分散数据依照其所在区块链上的共识机制和激励机制统一使用，是一大难题，因此我们需要不断更新、发展跨链技术，以解决这一难题。

10.4.2 跨链技术

跨链技术的首个应用，是在不同区块链之间的资产转移支付[10]，这是一个通过侧链实现的方案。Back 等通过侧链锁定的方式将一个区块链主链 A 上的甲方资产转移到另一个区块链侧链 B 上的乙方账户。算法的设计是建立在两次付账认证的方案上，首先将 A 链上的甲方资产锁定并将证明发送给侧链 B 上的乙方，侧链 B 实现资产转移后再将资产付出的证明交还给 A 链，之后 A 链再将资产转回给侧链。在以上资产转移衔接过程中，需要留下一段缓冲时间以避免出现双花问题。这一双向嵌入的基本框架也在此后其他跨链设计中再次出现，成为其中的一个基本模块，并在许多类似的跨链交易中出现。

以上我们提及的区块链之间进行资产转移支付所借助的侧链，通常是专有链或联盟链。目前也有通过 SPV（Simplified Payment Verification）证明方法实现跨链数据的交互，主要用于驱动链和混合链[11]上。

不同区块链的跨链技术的解决方案有所不同，但有些跨链技术将设计目标设定为连接所有区块链。DAPP（Decentralized Application）的服务提供商，经常需要为实现跨链衔接交易，来承担许多关键技术研发工作，包括服务于去信任和去许可工作的挑战。跨链技术的不断发展，可以将单一的区块链扩展到多用途的应用场景。

许可链通常应用于特定的场景，每个场景有各自的特色服务和治理规则。但单个区块链系统在应用过程中可能会缺少某些事先未知的区块链资源，因此这样的单个区块链系统需要得到其他区块链的协助，在基于资源和成本的考虑下，需要通过跨链协作来取得其他区块链的资源。由此提出通过跨链技术实现区块链生态系统新的治理需求。

许可链特别适用于决策目标明确的应用场景，但社会应用问题选择许可链作为解决方案时，并不一定能够预测所有治理问题。这时，选择跨链技术治理就成为最方便的解决途径之一。不同的区块链可以专注于各自优势，并将其完美实现于特定领域内；跨链技术则可衔接拥有不同资源的区块链，整合各自优势，完成各自不能单独完成的任务。

10.4.3　区块链跨链技术之预言机

如上所述，不同应用场景中的区块链的大量产生，使区块链之间链上和链下信息与价值交换成为常态。区块链作为一个确定性、封闭的系统环境，其对内部数据的历史一致性要求极为严苛。目前，区块链的设计也仅专注于链内的数据获取，其原因主要源自两方面。一方面，区块链与现实世界是割裂的，区块链不能保证链外世界数据的真实性，同时虚拟机上执行的智能合约也没有网络调用程序；另一方面，链外数据的获取方式也不稳定，不可能每次重新开始设计区块链与外部数据的接口。因此，当智能合约的触发条件是外部信息时（链外），预言机是可以用来提供数据服务的一种解决方案。通过预言机将现实世界的数据输入到区块链上，从而使链上链下治理的解决方案开始得到广泛的应用。

预言机分为软件、硬件、人类、计算、输入输出、特定合约和共识等多种类型。但从数据角度来看，每个预言机是一个用来向智能合约提供外部数据的接口。这样一个接口，通过与之交换数据的智能合约，可以广泛应用于大多数现有架构体系下的区块链数据交互过程中，这一特点也是由智能合约的图灵完备特性所决定的。预言机执行过程如图 10-1 所示。

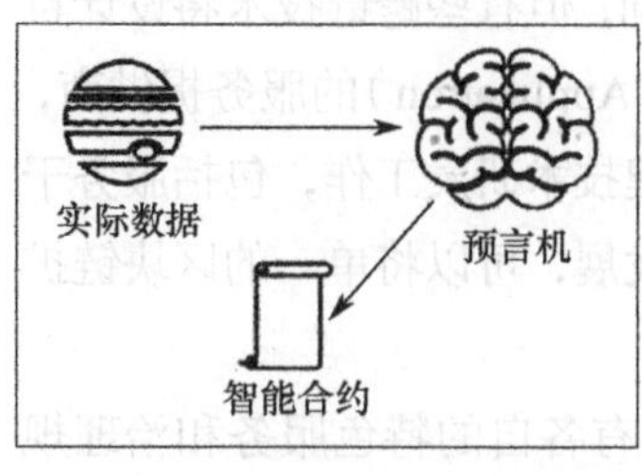

图 10-1 预言机执行过程

2015 年设计实现的 Oraclize 开始提供"证明的服务"，用于智能合约的预言机服务，提供链下数据的真实性证明。通过加密算法来保证所提供的数据未被篡改，对部分数据在一定程度上做到了所需的真实性功能。其中的服务包括：直接访问 Web 网站的 API 来提供数据传输的安全链接，实现传输过程的数据真实性；通过多种技术（和证明人）的真实性证明来提高系统整体安全性；将经过以上证明的数据用于链上的智能合约，提供公开可用的分布式架构下的节点真实数据；提供区块链预言机服务来减少表面攻击。Oraclize 专注于构建区块链真实数据基础设施，通过使用共识预言机完成外部数据上链全流程管理。其中，将激励机制与预言机有效结合，通过经济激励实现预言机的高效运行。目前，在市场竞争环境下，已有不少预言机产生。它们在 DEFI（Decentralized Finance）中使用时，不正确的预言机会在竞争中遭遇被套利的风险，从而被淘汰；而能够提供正确信息的预言机将会获得激励，从而正向激励预言机提供正确的数据。

预言机根据节点个数的不同，可分为中心化预言机和去中心化预言机。中心化预言机可以控制提供给智能合约的信息是唯一的；而去中心化预言机可以减少风险，确保数据的有效性和准确性。去中心化预言机也可以包括多个中心化预言机，在此之上产生了基于市场模型的预言机。正如芝加哥期货市场的做市商一样，预言机需要通过双边报价，提供给市场充分的流动性，即在建立市场价格 p 时，预言机在市场上提供 1 单位的货物，同时提供 p 单位的货币。这样信任预言机的买卖双方都可以通过预言机参与交易，从而保证了预言机的报价正确性。NEST 去中心化价格预言机网络在 DEFI 上成功建立了一个这样的市场，通过统一的预言机方案，可以在各种交易市场上实现。

10.5 区块链治理生态的选取、演变与前景

区块链应用治理主要解决如下问题：①如何治理区块链，如何从传统的社会学理论治理改造为能适用于自动化运行的区块链应用治理；②区块链技术在实际应用场景中的实现，如何发挥优势推动社会治理进步；③在大量区

块链（特别包括大量专有链、联盟链）环境中，如何设计跨链技术连接不同区块链应用，发挥各自优质数字化资源来加强区块链的社会效用。

我们看到，在区块链发展的不同阶段，其治理生态也在发生变化。当各种通用的共识机制及激励机制失效时，区块链应用治理协议在非正常状态下对区块链系统的处置过程包括决策团队认定、决策方案选择和决策方案的执行 3 个过程，其中，对不同区块链应用，需要建立不同的风险控制和监管措施。

特别需要注意的是，区块链生态环境的治理是区块链应用治理的一个关键方向。在大量区块链应用产生和发展的前景下，特别是在联盟链和专有链大量应用于社会生产生活的生态中，侧链、跨链和预言机的设计与实现能够最大化地扩展区块链应用场景，但也给区块链应用治理带来了新的挑战。按照现在区块链技术的发展方向，区块链应用治理将重点关注设计者、政府[12]和社会的相互作用方式，进而成为下一代区块链应用治理所面临的关键技术问题。

参考文献

[1] 王小云. Hash 函数与区块链技术[C] //区块链技术与应用科学与技术前沿论坛，深圳, 2019.

[2] 郑志. 区块链技术与发展[C] //区块链技术与应用科学与技术前沿论坛，深圳, 2019.

[3] ARROW K J. A Difficulty in the Concept of Social Welfare[J]. Journal of Political Economy, 1950, 58(4): 328-846.

[4] YERMACK D. Corporate Governance and Blockchains[J]. Review of Finance, 2017, 21(1): 7-31.

[5] MUSTAFA M K, WAHEED S. A governance framework with permissioned blockchain for the transparency in e-tendering process[J]. International Journal of Advanced Technology and Engineering Exploration, 2019, 6(61): 274-280.

[6] GOODMAN L M. Tezos—a self-amending crypto-ledger White paper[EB/OL]. [2014-09-02]. https://tezos.com/static/white_paper-2dc8c02267a8fb86bd67a108199441bf.pdf.

[7] GIDCON L K. Inside the Crypto World's Biggest Scandal[EB/OL]. [2018-06-19]. https://www.wired.com/story/tezos-blockchain-love-story-horror-story/.

[8] BERNARDO B, CAUDERLIER R, HU Z, et al. Mi-Cho-Coq, a framework for

certifying Tezos Smart Contracts[DB/OL]. [2019-09-18]. https://arxiv.org/abs/1909.08671.

[9] 穆杰. 央行推行法定数字货币 DCEP 的机遇、挑战及展望[J]. 经济学家, 2020(3): 95-105.

[10] BACK A, CORALLO M, DASHJR, L, et al. Enabling blockchain innovations with pegged sidechains[EB/OL]. [2014-10-22]. https://www.blockstream.com/sidechains.pdf.

[11] Kyle. 比特币在主链和侧链之间相互转移的 5 大方式[EB/OL]. [2017-02-20]. https://www.jianshu.com/p/65b04ddbd9f6.

[12] 苏宇. 区块链治理的政府责任[J]. 法商研究, 2020, 37(4): 59-72.

第11章 区块链应用评价方法

11.1 概述

由于具有分布式对等、防伪造和防篡改、透明可信、高可靠性等特点，区块链在金融服务、供应链管理、智能制造、社会服务等领域应用前景广阔，国内大量企业及组织开始涉足区块链行业，着手研发推出从基础设施平台到行业应用的产品、服务和解决方案，各种分布式应用服务和产品层出不穷。区块链的应用在社会生产生活中的作用更加凸显，一些行业应用正逐渐向规模化转变。然而，从总体上看，区块链还处于发展的早期阶段，其应用存在各种不规范的现象，如盲目夸大区块链的功能、概念炒作、违规应用等，同时区块链的应用规划和开发也缺乏系统的方法指引，带来一些不必要的成本浪费，应用质量和成效参差不齐，应用风险难以管控。

《德国联邦政府的区块链战略》将“研究基于区块链技术的新应用技术评估”作为德国联邦政府将采取的举措之一。我国国家互联网信息办公室于2019年1月出台《区块链信息服务管理规定》，为保证区块链技术和应用规范化发展提供了重要依据。无论是从市场发展还是政府监管来看，对于区块链应用发展评价的体系化的方法将是行业可持续发展的一个重要支撑。然而，目前业界针对区块链应用的全面评价体系较为缺乏，以至于难以客观衡量一个区块链应用应该具备什么能力、如何选购或使用具体的区块链应用产品或服务、如何考察企业和行业的区块链应用发展水平等。

作为一类基础信息技术，区块链涵盖了分布式、共识机制、加密算法等技术模块或特征，对其系统的评价与一般信息技术系统存在差异，且其应用范围普适性较广，具体区块链应用的行业要求、业务要求、监管要求、技术要求等也千差万别。对于一个区块链应用的评价，不仅需要考察应用涉及的技术和相关方，也要考察应用外围的政策、管理制度、标准等环境因子，是非常复杂的问题。

为把握区块链应用评价的方法，国内外已开展了一系列相关研究。日本经济产业省（METI）发布的《区块链系统的评估细则》及相关报告[1,2]中对于区块链平台的评价指标涉及质量、维护性和成本三大类下的 13 个类型中的 32 个评估项。美国国家标准与技术研究院发布的《区块链技术概览》研究报告[3]中探讨了采用区块链应用时的若干考虑点，这些考虑点除了着重考察是否适合采用区块链解决方案，还包括对数据可见性、每秒交易量（TPS）等方面的考量。《中国区块链技术和产业发展研究报告（2018）》[4]中建议从业务、技术、社会效益 3 个维度综合对区块链应用进行评价，并提供 3 个维度下的 14 个具体评价指标。金融行业标准《金融分布式账本技术安全规范》提出了金融领域区块链应用的相关评价方法和要求。Urbach 等[5]针对德国难民管理区块链应用提出了覆盖技术、功能与合法性 3 个域的 18 个类别的评估框架。此外，学界还有一些针对区块链应用系统相关的性能、信息安全、技术适用性等具体指标的评价工作[6-10]。

11.2 区块链应用评价方法的提出

结合 3.3 节中提出的区块链应用生态系统模型，同时考虑业务、技术、社会效益等维度，本书提出一套综合的应用评价体系和评估方法，以此刻画区块链应用的本质内涵和能力特征，指引应用探索的方向。如图 11-1 所示，从应用生态模型的组织域出发，着重从区块链应用的业务价值视角评价区块链应用，具体包括业务适当性、可治理性、经济可行性等指标；从应用生态模型的环境域出发，着重评价区块链应用的社会效益，具体包括消费者权益保护完善度、生态效益与产业融合度、社会价值等指标；从区块链应用生态模型的信息系统域出发，着重从技术角度评价具体的区块链应用系统质量，具体包括功能、性能、可靠性、安全性、可维护性、可移植性、互操作性、易开发性等应用质量指标。

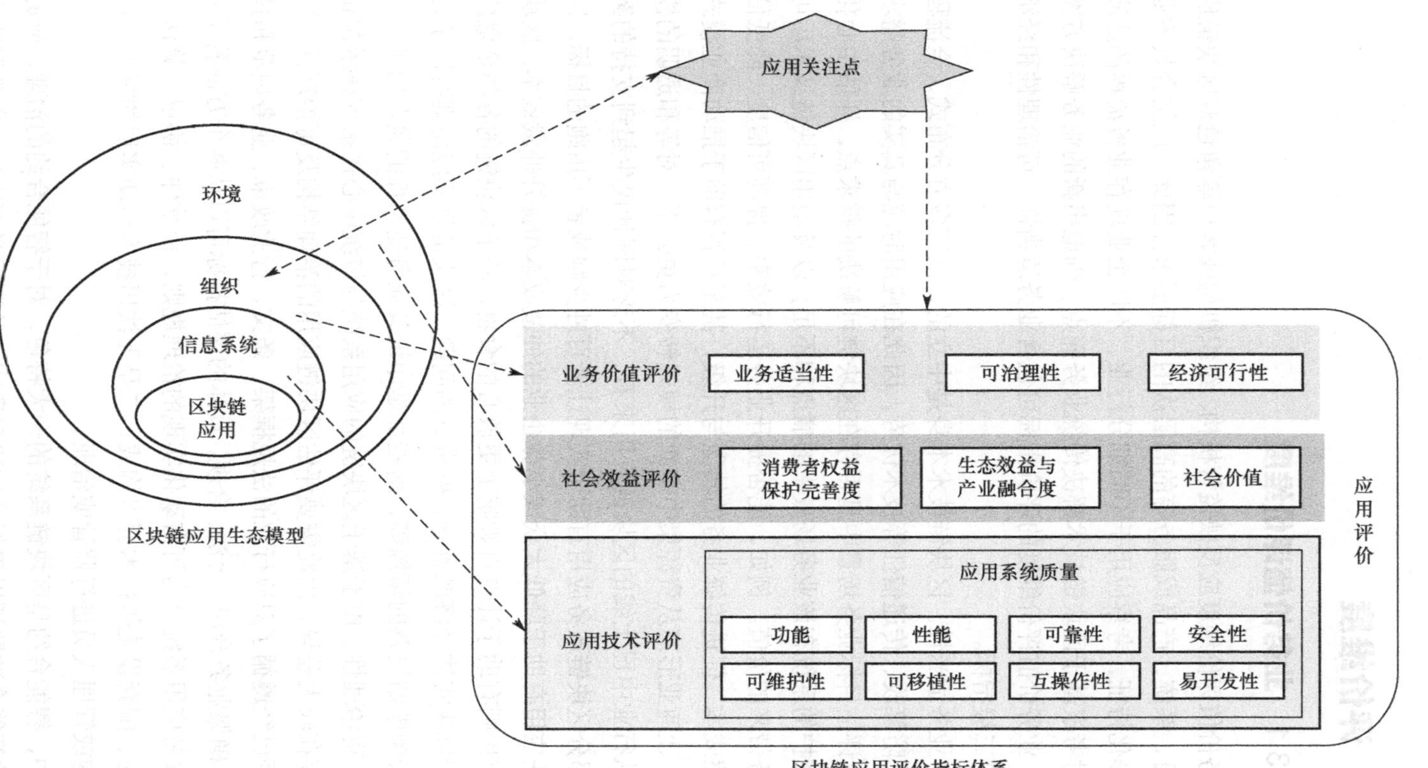

图 11-1　区块链应用生态视角的区块链应用评价示意

11.3 评价维度

11.3.1 业务价值评价维度

业务价值评价维度应反映监管机构、组织机构或客户等角色对区块链应用的项目、系统、产品或服务等的高层次的目标要求。因此，应结合具体业务的差异化特征，考察应用于不同细分行业、不同企业现存业务流程的适应性，同时考察基于区块链技术解决传统业务痛点、创造出新的业务解决方案的能力。业务价值评价维度的评价指标可包含业务适当性、可治理性和经济可行性等二级指标。

（1）业务适当性。区块链技术本身是中立的，具有多方分布式、全流程可追溯、防篡改、传递信任等技术优势，因此在应用时应与真实的业务需求切合，应评估目标业务场景中是否存在区块链可解决的需求点，评估中心化或单方维护的系统在该业务场景中的痛点和不足，以及使用区块链技术后可为该业务带来的价值。例如，能否提升业务运行效率、提高可信度、降低信任和摩擦成本、促进传统业务的转型与升级，甚至是否有助于推动商业模式的转变，让商业形态从资源集中垄断的模式转变为更公平、对等和透明的模式等。从行业中已上线的区块链应用来看，不乏对国计民生起到支持的案例，如部分区块链政务应用有助于实现让老百姓少跑或者不用跑的目标，区块链司法应用有助于降低大众或小微企业的仲裁成本和提升仲裁效率，区块链溯源应用则有助于让老百姓吃上更放心的食物，基于区块链的各类金融应用有助于解决实体经济融资难、融资贵的问题，区块链发票应用则有助于让大众免去频繁贴发票的烦恼等，这些都是印证其业务适当性的典型例子。

（2）可治理性。由于基于区块链的应用系统与传统中心化系统在运营和管理上存在较大差异，因此需要评估区块链应用的治理结构及可治理性，判断其是否已经遵循了对应行业的法规框架、条文、行业政策、业务规范和技术要求，确保业务合理、合法、合规。具体的评估指标可以从两个方面着手：一是区块链应用系统之内可自动化实现的治理规则，由软件、协议、算法、智能合约、配套设施等技术要素构成；二是无法用技术自动实现的规则，由组织机构或管理人员进行监管或治理。

其中，智能合约是区块链系统的一大特色，对于智能合约的治理，应通过有效的智能合约验证以确保合约代码所表达的逻辑是严密的；应确保智能

合约的执行在可信的软件/硬件支持的环境中执行，防止运行时外部注入代码；智能合约代码应当加密存储，不能被第三方明文读取；智能合约应当有完整的生命周期管理，版本迭代时，旧版本的合约应及时停用，并存档数据。

而技术之外的治理规则，除遵循法律法规的要求之外，还需要遵循具体行业的要求制定具体规则。例如，当区块链应用涉及数字资产、虚拟资产时，需要遵循全球金融行动特别工作组（Financial Action Task Force on Money Laundering，FATF）的反洗钱/反恐怖主义融资指南的要求，需要配套风险评估和风险缓解、客户尽职调查、对第三方的依赖、代理账户和电汇、记录保留、可疑交易报告和内部政策；当区块链应用涉及金融服务时，需要建立管委会治理架构，设计一系列日常管理和应急管理的流程和规则，预先规划好节点准入准出管控机制和对用户、节点、系统等的干预机制等；当区块链应用涉及政务、医疗服务时，则规划设计好相应的数据归属与隐私管理规则等。

（3）经济可行性。区块链的应用通常面临成本与收益的权衡取舍，一个优秀的区块链应用，应当解决了当前行业发展和业务流程中的痛点，能够带来经济价值的最大化与效率的提升，也能帮助应用中的参与者实现共赢的目标。从行业实践上看，通过采用开源底层平台、参与开源社区等方式，可以更加有效地降低使用区块链技术的综合成本。一方面，开源社区里多样化的开发者可以及时修正开源平台的不足与漏洞，快速升级迭代，从而降低试错成本；另一方面，开源开放可加快促成开源社区的参与者们开展商业合作，开源社区不断发展壮大，也有助于孵化出更多的创新商业模式，从而降低商业拓展成本。

11.3.2　应用技术评价维度

应用技术评价维度是整个应用体系的核心，一方面结合《区块链 参考架构》[11]和 GB/T 25000.10—2016《系统与软件工程 系统与软件质量要求和评价（SQuaRE）第 10 部分：系统与软件质量模型》[12]规定的产品质量模型，另一方面还需要结合具体的行业应用需求，从技术可行性、功能、性能、可靠性、安全性、可维护性、可移植性、互操作性、易开发性等二级指标进行综合评估。

（1）技术可行性。区块链作为一整套的技术方案，所选用的底层技术平台要能适应我国具体行业的特殊环境要求、自身的技术储备和人才储备等，需要满足如大规模商用、算法符合国家密码标准、代码自主可控等技术可行性要求，同时还应考虑区块链技术与其他技术的融合发展能力。

（2）功能。包括完备性、正确性、适应性和恰当性等评估指标，具体可包括：系统需要覆盖区块链主要核心功能组件，如分布式账本、共识机制、加密算法、状态管理、成员/节点管理、智能合约管理等，提供准确数据或相符结果的能力，在使用目标和特定业务目标的功能上满足要求，以及提供稳定和适用功能。

（3）性能。在约定的软硬件环境下（如内存大小、CPU 核心数和主频、硬盘容量、带宽等），通过技术手段对区块链应用的各类性能指标进行验证，计算资源利用性、时间特性、容量、处理能力等评估指标，可结合具体业务量、潜在业务增长规模、并发业务量等进行评估，具体包括区块链应用运行时消耗资源的类型和数量，处理时间、响应时间、共识时间及出块时间等时间特性，以及数据存量、存储的容量、区块的大小及缓冲池的极限负荷等容量参数。

（4）可靠性。包括成熟性、可用性、容错性及易恢复性等指标，具体包括：运行规定的业务时区块链系统的可靠程度和运行可访问程度，抗 DDoS 攻击、重放攻击和识别恶意节点的能力；在出现断电、重启、网络波动等故障、违反规定接口，节点失效或作恶情况之后，仍能快速恢复且维持规定性能或正常执行业务的能力；系统某些功能点在发生中断或失效之后，恢复受损数据并重建正常软件状态的能力等。

（5）安全性。可结合具体业务场景，从数据敏感性、数据安全性、数据可靠性等角度进行评估，同时考虑保密性、完整性、抗抵赖性、可追溯性和真实性，如包括系统确保其数据只能被授权用户访问及私钥防止泄露，系统具有防止篡改程序或数据的能力；活动或事件发生后可以被证实且不可被否认；对每个活动可以被追溯的能力；对目标或资源的身份标识确实能够证实该目标或资源的能力；在遭受攻击（如 DDoS 攻击、P2P 攻击、共识攻击等）时确保数据及服务正确且可用的能力。

（6）可维护性。包括平台搭建、配置管理、部署架构、权限控制、审计管理、监控体系、数据检索等评价内容。具体包括：系统搭建过程中各功能模块搭建的易用程度，系统中的各个模块配置的灵活程度，系统对不同机房、网络和云架构的支持程度，系统对访问权限的控制粒度，对审计的透明度，系统监控指标的完整程度，链上数据的可视化程度。

（7）可移植性。包括适应性、易安装性和易替换性等指标。其中，适应

性是指在不同的约束条件下区块链系统能够稳定运行的程度；易安装性是指区块链系统的软件安装包在特定环境中能够有效地进行安装部署调试以达到快速可用的程度；易替换性是指区块链系统各个组件模块在架构设计、组件升级、业务迁移等过程中对该组件模块进行替换的容易程度。

（8）互操作性。包括数据一致性和可协同性等评价指标。其中，数据一致性指区块链系统实现降低数据同步延迟、保证数据的一致性、避免造成数据混乱和失准的程度，特别地，共识机制模块应能协调各系统参与方有序参与数据打包和共识过程，并保证各参与方的数据一致性；在系统无故障、无欺诈节点时，能在规定时间内达成一致的、正确的共识，输出正确结果；同时，如果任意不超过理论值的节点数发生故障，整个系统仍能正常工作。此外，可协同性则是指区块链系统实现与其他区块链系统间的互操作的程度。

（9）易开发性。该评价指标是指针对 DAPP 开发人员的友好程度。区块链底层系统需要能够提供足够便捷的环境、接口与文档，使技术社区能够便捷地基于底层开发自己的应用，可着重考察区块链接口与 SDK 完善程度、智能合约体系易用性等维度。区块链的接口应封装完善，区块链的 SDK 应支持多种语言（如 Java、Python、Go 等）并有完善的开发文档，智能合约体系易用性要求其开发环境稳定、开发语言完整并图灵完备等。

11.3.3　社会效益评价维度

区块链应用在满足业务和技术要求、创造经济利益的同时，还应承担起对消费者、行业、社会和环境等方面的责任，因此，需要从社会效益的维度出发，对消费者权益保护完善度、生态效益与产业融合度、社会价值等二级指标进行评价。

（1）消费者权益保护完善度。主要评估区块链应用的各个环节与流程是否遵循消费者权益保护的要求，包括但不限于个人信息隐私保护、知情权、财产安全权、信息安全权、公平交易权等，特别地，在涉及跨境服务时，还应兼顾不同国家或地区对区块链系统与个人数据跨境的监管要求。目前，多个国家或地区都在加强对数据安全和隐私的保护，欧盟出台了 GDPR 等多项法案限制信用信息数据的跨境流动，中国内地、香港和澳门三地对个人隐私资料也有明确的保护限制（如《信息安全技术公共及商用服务信息系统个人信息保护指南》《个人资料（隐私）条例》《跨境资料转移指引》《澳门个人资料保护法》等）。

（2）生态效益与产业融合度。主要评估区块链应用是否与现有商业生态有效结合，是否打通了产业上下游，构建了新的、面向结构性特征的协同生态系统，形成了新的价值共享应用生态，是否推动整个产业、经济体系实现技术变革、组织变革和效率变革，为构建现代化经济体系做出了贡献。

（3）社会价值。主要评估区块链应用的社会服务价值和社会影响力，视其是否有助于促进提升社会治理和管理水平、收入分配的公平性、就业效益、公益效果、其他社会服务效果等。在具体的评价目标上，可借鉴目前联合国提出的17项人类可持续发展目标（SDGs）——消灭贫穷、消灭饥饿、良好健康与福祉、优质教育、性别平等、清洁饮水和卫生设施、清洁能源、体面工作和经济增长、产业创新和基础设施、缩小贫富差距、可持续城市和社区、负责任的消费和生产、气候行动、海洋清洁、保护森林、和平正义与强大司法机构、全球化伙伴关系。

11.4 应用评价指标体系

以业务价值评价维度、应用技术评价维度、社会效益评价维度三大维度的 15 个二级指标出发，我们可以将其细化并归纳整理为以下的应用评价指标体系（见表 11-1），从而更具备实际操作价值。

表 11-1　区块链应用评价指标体系

一级维度	二级指标	三级指标	指标释义和评价内容
业务价值评价维度	业务适当性	使用区块链技术的必要性	该业务应用中使用区块链技术的必要性
	可治理性	自动化治理规则完备性	是否设置了智能合约等自动化实现的治理规则
		治理制度完备性	是否设置了管理人员相关的治理规则
	经济可行性	投入与产出	评估应用的建设投资、研发费用和流动资金、人力投入，以及最终的收入利润等财务指标，判断其在商业模式上是否可持续
应用技术评价维度	技术可行性	自主可控程度	代码、技术专利是否自主可控
		是否符合国密标准	是否采用国家密码局认定的国产密码算法
	功能	完备性	系统功能覆盖所需功能点的程度
		正确性	提供准确数据或相符结果的能力
		适合性	评价功能是否适合业务所需
		恰当性	应用系统各组件稳定和适用功能的能力

（续表）

一级维度	二级指标	三级指标	指标释义和评价内容
应用技术评价维度	性能	资源利用率	涉及资源利用率相关的性能值
		时间特性	涉及时间特性相关的性能值
		容量	涉及容量相关的性能值
	可靠性	成熟性	度量在正常操作下需要的可靠程度
		可用性	应用系统在一个时间段内能够运行和可访问的程度，系统整体可用性宜保持在 99.99%以上
		容错性	系统在出现故障或违反规定接口的情况下维持规定性能级别的能力，且在不超过预定恶意节点数阈值的情况下，共识算法应能够正确达成
		易恢复性	系统某些功能点在发生中断或失效的情况下，直接恢复受损数据并重建正常软件状态的程度
	安全性	保密性	系统确保其数据只能被授权用户访问的能力程度
		完整性	系统防止未授权访问、篡改程序或数据的能力符合的程度
		抗抵赖性	系统针对活动或事件发生后可以被证实且不可被否认的能力符合的程度
		可追溯性	系统对每个使用者的活动可以被唯一地追溯到该使用者的能力权限的程度
		真实性	系统对目标或资源的身份标识确实能够证实该目标或资源的能力符合的程度
	可维护性	模块化	系统在维护过程中各功能模块对实施维护的支持程度
		可重用性	系统中的模块或模块代码能够用于其他项目或系统的程度
		易分析性	系统可被诊断自身的缺陷及失效原因，或被标识其待修改部分的容易程度
		易修改性	对系统实施修改的容易程度
		易测试性	对系统被已修改组件进行确认的容易程度
	可移植性	适应性	在不同的约束条件下使系统需求都能得到满足的容易程度
		易安装性	系统的软件安装包在特定环境中能够有效地进行安装的程度

（续表）

一级维度	二级指标	三级指标	指标释义和评价内容
应用技术评价维度	可维护性	易替换性	系统的组件在相同环境下（包括软件环境、硬件环境、操作系统等）进行升级或替换的难易程度
	互操作性	数据一致性	系统保证数据的一致性的能力，避免造成数据混乱和失准的程度
		可协同性	被测系统实现与其他系统间的互操作的程度
	易开发性	开发友好度	是否有完善的开发文档、开发环境是否稳定、开发语言是否完整且图灵完备等
社会效益评价维度	消费者权益保护完善度	隐私保护技术完善度	是否匹配了相应的隐私保护技术、算法等
		消费者权益保护制度完善度	是否设置了相应的信息披露制度、适当性保护制度、投诉处理机制等
	生态效益与产业融合度	产业促进能力	应用对生态构建、产业发展、结构调整等方面产生的影响、作用和意义
	社会价值	社会服务价值和社会影响力	评价应用的社会影响力、经济增长促进能力、收入分配公平性、就业效益、公益效果、社会服务效果等，可参考联合国SDGs目标

11.5 应用评价方式

在具体的评价方式上，评价者可以根据实际行业或场景需求，选择全部或部分的评价指标，且可根据不同指标的影响程度分配不同的权重，最终可采取文档资料分析、网络评审、专家论证与访谈、现场考察、系统测评等方式进行评价。评价过程遵循权责明确、科学公正、公开透明、合理放权、绩效导向的原则。还可以面向评价专家，建立信用评价指标体系和信用管理数据库，对项目实施和评价过程中的相关机构、承担单位和区块链应用系统负责人，以及评审专家等进行信用记录和信用等级评定，并将其综合信用等级作为项目评价及政策激励的重要依据。

参考文献

[1] Information Economy Division, Commerce and Information Policy Bureau.

Evaluation Forms for Blockchain-Based System[EB/OL]. [2017-04-12]. https://www.meti.go.jp/english/press/2017/pdf/0329_004a.pdf.

[2] Information Economy Division, Commerce and Information Policy Bureau & Ministry of Economy, Trade and Industry. Report on the Survey on Technology and Institutes Related to Distributed System[EB/OL]. [2018-07-23]. https://www.meti.go.jp/english/press/2018/0723_003.html.

[3] YAGA D, MELL P, ROBY N, et al. Blockchain Technology Overview[EB/OL]. [2020-10-25]. https://nvlpubs.nist.gov/nistpubs/ir/2018/NIST.IR.8202.pdf.

[4] 中国区块链技术和产业发展论坛. 中国区块链技术和应用发展研究报告(2018)[EB/OL]. [2018-12-18]. http://www.cesi.cn/images/editor/20181218/20181218113202358.pdf.

[5] FRIDGEN G, GUGGENMOOS F, LOCKL J, et al. Developing an Evaluation Framework for Blockchain in the Public Sector: The Example of the German Asylum Process[C]//Proceedings of 1st ERCIM Blockchain Workshop, 2018.

[6] WANG S. Performance Evaluation of Hyperledger Fabric with Malicious Behavior[C]//International Conference on Blockchain (ICBC 2019). Springer, 2019: 211-219.

[7] ISMAIL L, HAMEED H, AlSHAMSI M, et al. Towards a Blockchain Deployment at UAE University: Performance Evaluation and Blockchain Taxonomy[C]//2019 International Conference on Blockchain Technology, 2019: 30-38.

[8] FU Y, Zhu J, GAO S. CPS Information Security Risk Evaluation Based on Blockchain and Big Data[J]. Tehnički vjesnik, 2018, 25(6): 1843-1850.

[9] 叶聪聪, 李国强, 蔡鸿明, 等. 区块链的安全检测模型[J]. 软件学报, 2018, 29(5): 1348-1359.

[10] LO S, XU X, CHIAM Y, et al. Evaluating Suitability of Applying Blockchain[C]//2017 International Conference on Engineering of Complex Computer Systems, 2017: 158-161.

[11] 中国区块链技术和产业发展论坛. 区块链 参考架构: CBD-Forum-001-2017: 2017[S/OL]. [2020-05-15]. http://www.cbdforum.cn/bcweb/resources/upload/ueditor/jsp/upload/file/20201217/1608188444336059074.pdf.

[12] 全国信息技术标准化技术委员会. 系统与软件工程 系统与软件质量要求和评价(SQuaRE) 第 10 部分：系统与软件质量模型: GB/T 25000.10-2016[S]. 北京：中国标准出版社, 2016: 8.

第12章 区块链标准化路线

2019 年 10 月 24 日，中共中央总书记习近平在主持中共中央政治局第十八次集体学习时强调，要加强区块链标准化研究，提升国际话语权和规则制定权。2021 年 6 月，工业和信息化部、中央网络安全和信息化委员会联合发布的《关于加快推动区块链技术应用和产业发展的指导意见》部署了“坚持标准引领”的重点任务，提出“推动区块链标准化组织建设，建立区块链标准体系”等要求。当前，国内外标准化组织已经在区块链标准化方面开展了组织建设、标准研制等一系列工作，在下一阶段面向产业实际需求建设合理协调的标准体系将成为发展重点。

12.1 区块链标准化需求与价值分析

12.1.1 区块链标准化需求分析

作为一种颠覆性的创新应用模式，区块链的广泛应用在创造价值的同时也带来了挑战，尤其是现阶段各行业缺乏核心的理念和基本技术共识，使行业发展碎片化。区块链产业发展面临一些现实问题，如市场上的区块链应用兼容性和互操作性较差，区块链应用开发和部署缺乏标准化参考，缺乏安全性、可靠性和互操作性的评估方法。

1. 行业社会乱象带来的标准化需求

2008 年，化名“中本聪”的学者首次提出了区块链的技术设计[1]，而比特币是区块链最早期的实践。在区块链发展过程中，由于缺少概念的普及和标准化的引导，人们常常将区块链和以比特币为代表的形形色色的加密货币

画等号，区块链行业也受到不可避免的质疑。此外，还存在过度炒作和盲目夸大区块链功能的现象，社会大众还不了解区块链一词的真正含义，盲目相信一些项目方对区块链的宣传，在误导下进行相关投资决策，从而承担不必要的经济损失，因此，迫切需要从术语、分类等方面开展标准化工作，为达成基本共识、规范行业发展提供必要支持。

2. 区块链技术特性带来的标准化需求

区块链有利于建立公开透明和对等的信任机制，有利于不同行业建立新型的业务协作机制，能够在丰富领域中得到良好应用。作为涉及多领域、多类技术、多附加值的新型技术领域，区块链的发展需要有高质量标准的支撑，如共识机制、分布式计算与存储、加密算法、智能合约、跨链等区块链关键技术的创新和实施亟须标准化的引导。因此，需要加快制定发布区块链技术研发、系统建设和互联互通、隐私保护等重点急需标准，顺应技术产业实际需求，为培育区块链产业生态提供标准支撑。

3. 行业发展现状带来的标准化需求

区块链在实体经济、公共服务等领域具有广泛的应用空间，有助于数字经济的模式创新，能为加快新旧动能接续转换、推动经济高质量发展提供有效支撑，发展前景广阔。然而，由于缺乏指导应用实施和落地的标准，造成各行业对应用的开放程度不够，限制了区块链的技术和应用创新。此外，还应围绕区块链在促进数据共享、优化业务流程、降低运营成本、提升协同效率、建设可信体系等方面的作用，加大力度研制数字金融、智慧交通、能源电力、智能制造等领域的融合应用标准，支撑打造区块链应用生态链。

12.1.2　区块链标准化的价值

（1）有助于统一对区块链的认识。目前，业界和大众对于区块链的概念、特征和关键技术等问题的认识还不一致，甚至存在曲解和滥用区块链的情况，给产业发展带来了障碍。正如 ISO 术语国际标准对相关术语进行的界定[2]，通过标准化可以促进全社会对区块链形成共识，从而引导区块链产业健康有序发展。

（2）有助于促进行业应用发展。区块链的应用范围十分广阔，要符合金融服务、供应链管理等传统的行业习惯和发展要求，尤其需要适应这些行业的现有规则和发展方向，标准化有利于规范和指导区块链在各行业的应用，实现融合发展。

（3）促进解决区块链的关键技术问题，助力构建技术发展新生态。例如，标准化能通过统一规范身份识别等方式，保障区块链隐私和安全，促进安全可靠和高质量的区块链产品和服务的开发。

12.2 区块链标准化发展历程

12.2.1 区块链标准体系发展历程

作为一种快速发展的新兴技术，早期区块链标准体系的构建采用了以市场为导向分散自治式的路线。

从 2008 年区块链技术起源开始，到 2015 年的 7 年时间内，区块链经历了技术起源、验证阶段及概念导入、平台发展阶段[3]，但区块链标准化基本处于空白状态，行业内缺乏基本共识，区块链应用乱象丛生，同时，多平台并驾齐驱发展的现状带来了严重的互操作问题，区块链系统开发、部署、运营及安全保障都缺乏必要的标准化指引[4]。

针对这些问题，从 2016 年开始，国内外掀起了关于区块链标准化的讨论热潮。国际上，2016 年 7 月，万维网联盟（W3C）在针对区块链的专题会议中，认为区块链需要标准来消除冗余同时促进竞争，同时提出区块链标准的重点方向为接口和数据格式标准、身份识别和授权，以及软件许可和来源等标准。2016 年 8 月底，ISO/IEC JTC1 咨询组在爱尔兰都柏林召开的会议中，向 JTC1 提出了区块链的标准化建议，其中包括针对该领域成立新的分技术委员会。其后在 2016 年 9 月，ISO 成立了 ISO/TC 307（区块链与分布式记账技术委员会），主要负责区块链与分布式记账技术的标准研制，以支持用户、应用和系统间的互操作和数据交换。国际电信联盟标准化组织（ITU-T）于 2017 年前后启动了区块链领域的标准化工作。SG16、SG17 和 SG20 这 3 个研究组分别启动了分布式账本的总体需求、安全等标准化研究。此外，成立了分布式账本、数据处理与管理、法定数字货币 3 个区块链相关的焦点组。区块链标准化发展历程如图 12-1 所示。

同时，主要国家和地区对区块链标准化高度关注。美国标准技术研究所（NIST）发布《区块链技术概述》[5]研究报告，结合标准化视角阐明区块链

技术的核心特征、局限性和常见的理解误区。电气和电子工程师协会（IEEE）标准协会于 2017 年启动了区块链标准和项目探索，目前已立项多个区块链标准。欧盟方面对区块链标准的关注较早，早在 2016 年，国际证券机构交易通讯协会（ISITC）欧洲分部与结构化信息标准促进组织（Oasis）就提出了 10 个区块链标准建议。欧洲电信标准化协会于 2019 年 1 月成立许可分布式账本行业规范组，为管理跨不同行业和政府机构部署许可分布式账本提供分析依据。欧盟委员会高度重视区块链标准，关注 ISO、ITU-T、IEEE、W3C 等标准组织的活动，并计划将相关国际标准成果转化为欧盟标准。2019 年，欧盟委员会与欧洲议会合作设立的欧洲区块链观测站和论坛发布《区块链的可扩展性、互操作性和可持续性》[6]，呼吁制定区块链互操作等方向的标准。德国在《德国联邦政府区块链战略》[7]中强调标准化的作用，提出制定数据保护、产品可持续性等方面的标准，强调标准的应用和推广，同时强调德国将积极参与国际标准制定，采用开放接口。澳大利亚始终对区块链标准化高度关注。2016 年，澳大利亚不仅推动了 ISO/TC 307 的成立，还承担该技术委员会的秘书处角色；澳大利亚标准协会于 2017 年 3 月发布《区块链标准化路线图》，其中提出若干区块链标准化优先议题；澳大利亚工业、科学与资源部于 2020 年 2 月发布《国家区块链路线图》[8]，其中重点关注设定法规和标准领域。

• 9月，ISO成立针对区块链的技术委员会ISO/TC 307
• 10月，国内提出区块链标准化技术路线图
• 区块链技术起源
• 比特币首个公开交易
2008年
2010年
2013年
2014年
2015年
2016年
2017年
2018年
2019年
• 7月，以太坊上线
• 12月，Hyperledger项目成立
• 5月，国内首个区块链团体标准发布
• 7月，ISO首个国际标准术语正式立项
• 12月，参考架构国家标准立项
• ISO已有11个标准项目立项
• ISO发布智能合约交互技术报告

图 12-1　区块链标准化发展历程

国内方面，早在 2016 年 9 月，中国电子技术标准化研究院等企事业单位就在《中国区块链技术和应用发展白皮书（2016）》中提出了国内区块链标准体系框架，从过程和方法、可信和互操作性、信息安全等方面考虑，将

区块链标准分为基础标准、过程和方法标准、可信和互操作标准、业务和应用标准、信息安全标准 5 个大类，如图 12-2 所示。

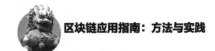

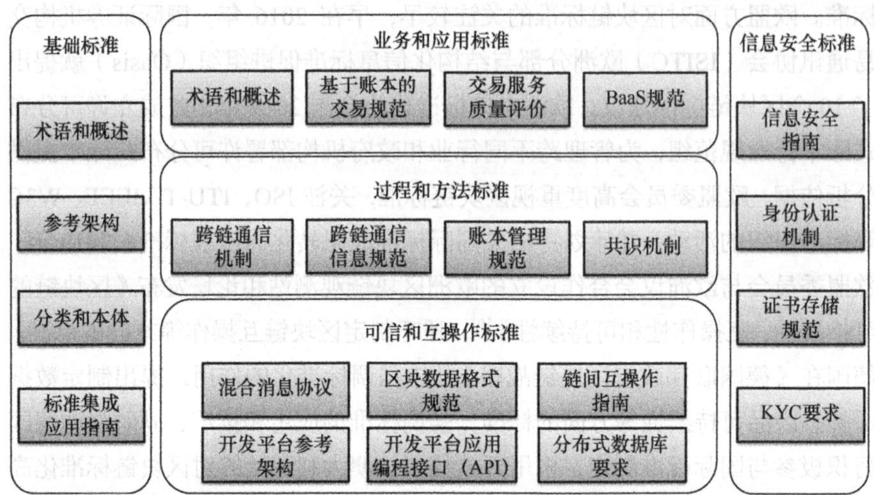

图 12-2 《中国区块链技术和应用发展白皮书（2016）》提出的我国区块链标准体系

12.2.2 我国标准制定机构与发展路径

标准化技术委员会在标准制定中发挥着关键性的作用。《中华人民共和国标准化法》第十六条规定：制定推荐性标准，应当组织由相关方组成的标准化技术委员会，承担标准的起草、技术审查工作。制定强制性标准，可以委托相关标准化技术委员会承担标准的起草、技术审查工作。为了加强统筹国内区块链标准化工作，在工业和信息化部、国家市场监督管理总局的推动下，我国成立了建全国区块链和分布式记账技术标准化技术委员会（SAC/TC 590），主要负责建设、管理和维护区块链和分布式记账技术标准体系，同时负责 ISO/TC 307 的归口管理工作。SAC/TC 590 将通过区块链领域标准化工作的政策和措施建议研究，进一步明确标准化工作的方向和发展路线；通过区块链国家标准体系构建和标准计划的统一管理，加强区块链领域的国家标准研制的体系性和协调性；通过组织国内相关机构和专家，提升社会各界对区块链标准化工作的积极性和参与度，保证标准化工作符合产业发展实际；通过跟踪研究国际标准化的发展趋势和工作动态，及时提出应对策略，助力进一步提升国际话语权和规则制定权。

学会、协会、商会、联合会、产业技术联盟等社会团体在很长时间内是区块链标准制定的主力。2016 年以来，国内成立了各种类型的区块链联盟组织，其中多个联盟组织将区块链团体标准制定作为其工作内容，有的还成立了标准工作组。2017 年至今，国内相关社会团体累计发布了数十个区块链团体标准，并依据团体标准开展了系统测试等工作，使标准成果得以快速实施和推广。同时，基于团体标准研究成果，推进了相关国家标准、行业标准的立项研制，甚至将部分团体标准成果贡献到国际标准组织，为我国主导和实质参与区块链国际标准奠定了基础。

12.3 区块链标准化进展

12.3.1 区块链国际标准发展情况

目前，国际上有三大标准化组织——国际标准化组织（ISO）、国际电工委员会（IEC）和国际电信联盟（ITU）。其中，ISO 是世界上最大的国际性标准化组织，主要负责组织开展全球绝大多数领域的标准化工作，促进国际物资交流和服务，并扩大知识、科学、技术和经济领域的合作。IEC 是世界上最早的国际性标准化机构，主要负责电工、电子领域的标准化活动。两者在标准的制定方面紧密合作。ITU 是主管信息通信技术事务的联合国机构，负责分配和管理全球无线电频谱与卫星轨道资源，制定全球电信标准，使电信和信息网络得以增长和持续发展。

1. ISO 区块链国际标准制定情况

截至 2021 年 2 月，ISO/TC 307 已有 46 个参与成员（P 成员）和 14 个观察成员（O 成员），成立了基础、安全和隐私、智能合约、治理、用例、互操作等方向的 7 个工作组和 1 个审计方向的特别工作组。2017 年以来，ISO/TC 307 加快推动参考架构、智能合约、安全隐私、互操作等重点标准的研制。如表 12-1 所示，截至 2021 年 2 月已立项术语、参考架构、分类和本体、用例、数据流动等 14 项 ISO 标准项目，其中已发布术语、智能合约交互概述等 4 项标准。除 ISO/TC 307 外，ISO/IEC JTC1（信息技术委员会）、ISO/TC 68、ISO/TC 46（信息和文献技术委员会）等技术委员会也在开展区块链相关的标准研究工作。

表 12-1　ISO 在研区块链标准项目

序号	编号	英文名称	中文名称	制定组织
1	ISO 22739:2020	Vocabulary	术语	ISO/TC 307
2	ISO/TR 23244:2020	Privacy and personally identifiable information protection Considerations	隐私和个人可识别信息保护中的注意事项	ISO/TR 23244:2020
3	ISO/TR 23455:2019	Overview of and interactions between smart contracts in blockchain and distributed ledger technology systems	区块链和分布式记账技术系统中智能合约的交互概述	ISO/TC 307
4	ISO/TR 23642	Overview of smart contract security good practice and issues	智能合约安全最佳实践和相关问题	ISO/TC 307
5	ISO/TR 23246	Overview of identity management using blockchain and distributed ledger technologies	采用区块链和分布式记账技术的身份管理概览	ISO/TC 307
6	ISO 23257	Reference architecture	参考架构	ISO/TC 307
7	ISO/TS 23258	Taxonomy and ontology	分类和本体	ISO/TC 307
8	ISO/TS 23259	Legally binding smart contracts	有法律约束力的智能合约	ISO/TC 307
9	ISO/TR 23576:2020	Security of digital asset custodians	数字资产托管的安全	ISO/TC 307
10	ISO/TR 3242	Use cases	用例	ISO/TC 307
11	ISO/TS 23635	Guidelines for governance	治理指南	ISO/TC 307
12	ISO/TR 23644	Overview of trust anchors for DLT-based identity management (TADIM)	基于 DLT 的身份管理信任锚概览	ISO/TC 307
13	ISO/TR 6039	Identifiers of subjects and objects for the design of blockchain systems	区块链系统设计中的主客体标识符	ISO/TC 307
14	ISO/TR 6277	Data flow model for blockchain and DLT use cases	区块链和分布式记账技术用例中的数据流动模型	ISO/TC 307
15	ISO 24374	Information technology — Security techniques — DLT and Blockchain for Financial Services	信息技术 安全技术 金融服务中的 DLT 和区块链	ISO/TC 68
16	ISO/TR 24332	Information and documentation — Application of blockchain technology to records management — Issues and considerations	信息和文献 区块链技术在记录管理中的应用 问题和考虑点	ISO/TC 46

注：ISO 发布的标准最常见的有 3 种类型，分别为国际标准（International Standards，IS）、技术规范（Technical Specification，TS）和技术报告（Technical Report，TR）。

2. ITU-T 标准制定情况

ITU-T 于 2017 年启动区块链标准化研究工作，成立了分布式账本技术焦点组，开始在术语、用例、架构、评测、安全、监管等方面开展研究，2019 年 8 月完成并发布了 8 项研究成果。此外，ITU-T 还先后在第十六和第十七研究组设立了专门的课题组，第十三、第二十研究组也启动了区块链相关的国际标准化工作，多个项目即将进入报批阶段。表 12-2 为 ITU-T SG16 区块链标准项目（截至 2020 年 3 月）。

表 12-2　ITU-T SG16 区块链标准项目

序号	英文名称	中文名称
1	Reference framework for distributed ledger technologies	分布式记账技术参考框架
2	Assessment criteria for distributed ledger technologies	分布式记账技术评估准则
3	Digital evidence services based on distributed ledger technologies	基于分布式记账技术的电子证据服务
4	Requirements for distributed ledger systems	分布式账本系统要求
5	General framework of DLT-based invoices	基于 DLT 的账单的通用框架
6	Technical framework for DLT regulation	DLT 监管技术框架
7	Formal verification framework for smart contract	智能合约形式化验证框架
8	Distributed ledger technologies and e-services	分布式记账技术和电子服务
9	Requirements of distributed ledger technologies (DLT) for human-care services	人性照护服务中的分布式记账技术（DLT）要求
10	Service models of distributed ledger technologies (DLT) for personal health records (PHRs)	个人健康档案（PHRs）中的分布式记账技术（DLT）服务模型
11	Scenarios and requirements of network resource sharing based on distributed ledger technology	基于分布式记账技术的网络资源共享场景与要求
12	Requirements of the distributed ledger incentive model for agricultural human factor services	农业人因服务中的分布式账本激励模型要求
13	Requirements of distributed ledger systems (DLS) for secure human factor services	安全的人因服务中的分布式账本系统（DLS）要求
14	Technical Report: Terms and definitions for distributed ledger technology	技术报告：分布式记账技术的术语和定义
15	Security framework for data access and sharing management system based on distributed ledger technology	基于分布式记账技术的数据接入和分享管理系统的安全框架

（续表）

序号	英文名称	中文名称
16	Security considerations for using distributed ledger technology data in identity management	身份管理中使用分布式记账技术数据的安全考虑点
17	Security assurance for distributed ledger technology	分布式记账技术安全保障
18	Security controls for distributed ledger technology	分布式记账技术安全控制
19	Security framework for distributed ledger technology	分布式记账技术安全框架
20	Security requirements for intellectual property management based on distributed ledger technology	基于分布式记账技术的知识产权管理的安全要求
21	Security services based on distributed ledger technology	基于分布式记账技术的安全服务
22	Security threats to online voting using distributed ledger technology	基于分布式记账技术的在线投票系统的安全威胁
23	Security threats and requirements for digital payment services based on distributed ledger technology	基于分布式记账技术的数字支付服务的安全威胁与要求
24	Technical framework for secure software programme distribution mechanism based on distributed ledger technology	基于分布式记账技术的安全软件程序分发机制技术框架
25	OID-based Resolution framework for transaction of distributed ledger assigned to IoT resources	区块链交易的物联网资源对象标识解析框架
26	Requirements for management of blockchain system	管理区块链系统的要求
27	Information model for management of blockchain system	区块链系统管理的信息模型
28	Cloud computing — functional requirements for blockchain as a service	云计算 区块链即服务的功能要求
29	Requirements and converged framework of self-controlled identity based on blockchain	基于区块链的自我主权身份的要求和融合框架
30	Scenarios and requirements for blockchain in visual surveillance system interworking	视频监控系统互通中的区块链场景和要求
31	Requirements and framework for blockchain-based human factor service models	基于区块链的人因服务模型的要求和框架
32	Technical Report: Guideline on blockchain as a service (BaaS) security	技术报告：区块链即服务（BaaS）安全导则

（续表）

序号	英文名称	中文名称
33	Decentralized IoT communication architecture based on information centric networking and blockchain	基于信息中心化网络和区块链的去中心化物联网通信架构
34	Framework of blockchain-based self-organization networking in IoT environments	基于区块链的物联网环境下自组织网络框架
35	Blockchain-based Data Management for supporting IoT and SC&C	支持物联网和智慧城市的基于区块链的数据管理
36	Blockchain-based data exchange and sharing for supporting IoT and SC&C	支持物联网和智慧城市的基于区块链的数据交换和共享
37	Overview of blockchain for supporting IoT and SC&C in DPM aspects	面向物联网和智慧城市数据处理的区块链技术概述
38	Reference architecture of blockchain-based unified KPI data management for smart sustainable cities	基于区块链的智能可持续城市统一 KPI 数据管理参考架构

12.3.2　区块链国内标准发展情况

2016 年以来，国内相关机构、标准化组织，按照“急用先行、成熟先上”的原则，采用团体标准先行，带动国家标准、行业标准研制的总体思路，研究提出了我国区块链标准体系框架，加快开展区块链领域的重点标准研制。如表 12-3 所示，截至 2021 年 6 月，已立项参考架构、智能合约实施规范、存证应用指南、术语 4 项国家标准。

表 12-3　国内区块链国家标准研制情况

序号	标准名称	标准性质	批准机构/发布组织
1	信息技术 区块链和分布式记账技术 参考架构	国家标准	全国信息技术标准化技术委员会
2	信息技术 区块链和分布式记账技术 智能合约实施规范	国家标准	全国信息技术标准化技术委员会
3	信息技术 区块链和分布式记账技术 存证应用指南	国家标准	全国信息技术标准化技术委员会
4	信息技术 区块链和分布式记账技术 术语	国家标准	全国信息技术标准化技术委员会

行业标准方面，在金融、司法、通信、民政、密码等行业已立项多项行业标准，如表 12-4 所示。国家广播电视总局于 2021 年 4 月发布了《基于区

块链的内容审核标准体系（2021 版）》，其中提出了 13 项待立项标准。

表 12-4　国内区块链行业标准研制情况

序号	标准名称	标准性质	批准/发布机构
1	分布式账本贸易金融规范	金融行业标准	全国金融标准化技术委员会
2	金融分布式账本技术互联互通规范	金融行业标准	全国金融标准化技术委员会
3	金融分布式账本系统 密码应用技术要求	金融行业标准	全国金融标准化技术委员会
4	分布式账本隐私计算金融应用技术规范	金融行业标准	全国金融标准化技术委员会
5	金融分布式身份统一参考模型	金融行业标准	全国金融标准化技术委员会
6	金融分布式账本技术应用 技术参考架构	金融行业标准	全国金融标准化技术委员会
7	金融分布式账本技术安全规范	金融行业标准	全国金融标准化技术委员会
8	区块链技术金融应用 评估规则	金融行业标准	全国金融标准化技术委员会
9	区块链密码应用技术要求	密码行业标准	密码行业标准化技术委员会
10	区块链密码检测规范	密码行业标准	密码行业标准化技术委员会
11	工业互联网中区块链应用场景和业务需求	通信行业标准	中国通信标准化协会
12	区块链智能合约安全技术要求	通信行业标准	中国通信标准化协会
13	基于区块链技术的去中心化物联网业务平台框架	通信行业标准	中国通信标准化协会
14	区块链技术架构安全要求	通信行业标准	中国通信标准化协会
15	司法区块链技术要求	法院行业标准	最高人民法院
16	司法区块链管理规范	法院行业标准	最高人民法院
17	慈善捐赠区块链溯源基本技术规范	民政行业标准	民政部

2015 年 12 月国务院发布的《国家标准化体系建设发展规划（2016—2020 年）》[9]提出，在技术发展快、市场创新活跃的领域培育和发展一批具有国际影响力的团体标准。2016 年 3 月，国家质量监督检验检疫总局、国家标准化管理委员会发布的《关于培育和发展团体标准的指导意见》[10]强调，符合条

件的团体标准向国家标准、行业标准或地方标准转化。区块链团体标准的研制开始于技术发展的初期阶段，经过近几年的发展，标准体系建设已取得初步成果，在新兴技术领域发挥了标准的市场自主作用。当前，中国以培育团体标准为切入点，推动向国家标准、国际标准的转化，逐步带动国家标准或行业标准研制的整体路径已初显成效。当前，中国电子工业标准化技术协会、中国软件行业协会等国内区块链相关组织已研制发布数据格式规范、隐私保护等多项团体标准。如表 12-5 所示，截至 2020 年 8 月，全国团体标准信息平台公开发布的区块链团体标准共有 32 项。

表 12-5 国内区块链团体标准

序号	团体名称	标准编号	标准名称
1	中国物流与采购联合会	T/CFLP 0028—2020	食品追溯区块链技术应用要求
2	广东省质量检验协会	T/GDAQI 037—2020	区块链产业研发人才岗位能力要求
3	浙江省电子商务促进会	T/ZEA 005—2020	电子商务商品交易信息区块链存取证平台服务规范
4	浙江省电子商务促进会	T/ZEA 004—2020	区块链电子合同平台服务规范
5	深圳市商用密码行业协会	T/SCCIA 010—2020	区块链密码应用验证规范
6	上海市司法鉴定协会	T/SHSFJD 0001—2020	基于区块链技术的电子数据存证规范
7	中国防伪行业协会	T/CTAAC 003—2020	区块链防伪追溯数据格式通用要求
8	深圳市商用密码行业协会	T/SCCIA 009—2020	区块链密码服务接口标准及安全要求
9	深圳市商用密码行业协会	T/SCCIA 008—2020	区块链 CA 系统接口标准及安全要求
10	中国商业联合会	T/CGCC 31—2019	区块链应用 商品及其流通信息可追溯体系框架
11	深圳市商用密码行业协会	T/SCCIA 007—2020	区块链密码检测规范
12	江苏省软件行业协会	T/JSIA 0002—2020	区块链基础技术规范
13	深圳市商用密码行业协会	T/SCCIA 004—2020	聚龙链区块链密码服务接口标准及安全要求
14	中国电子工业标准化技术协会	T/CESA 6001—2016	区块链 参考架构

（续表）

序号	团体名称	标准编号	标准名称
15	深圳市标准化协会	T/SZAS 9—2019	基因数据流通区块链存证应用指南
16	广东省食品流通协会	T/GDFCA 041—2019	基于区块链技术食品追溯系统的可靠性测试标准
17	广东省食品流通协会	T/GDFCA 040—2019	基于区块链技术食品追溯系统的兼容性测试标准
18	广东省食品流通协会	T/GDFCA 039—2019	基于区块链技术食品追溯系统的性能效率测试标准
19	广东省食品流通协会	T/GDFCA 038—2019	基于区块链技术食品追溯系统的功能性测试标准
20	广东省食品流通协会	T/GDFCA 037—2019	基于区块链技术食品追溯系统的信息安全性测试标准
21	大连软件行业协会	T/DSIA 0606—2019	区块链企业评估规范
22	中国电子工业标准化技术协会	T/CESA 6002—2017	区块链 数据格式规范
23	中国电子工业标准化技术协会	T/CESA 1050—2018	区块链 智能合约实施规范
24	中国电子工业标准化技术协会	T/CESA 1049—2018	区块链 隐私保护规范
25	中国电子工业标准化技术协会	T/CESA 1048—2018	区块链存证应用指南
26	上海区块链技术协会	T/SHBTA 004—2019	区块链技术和应用人才评估规范
27	上海区块链技术协会	T/SHBTA 003—2019	区块链技术应用指南
28	上海区块链技术协会	T/SHBTA 002—2019	区块链底层平台通用技术要求
29	上海区块链技术协会	T/SHBTA 001—2019	区块链企业认定方法
30	中国科技产业化促进会	T/CSPSTC 23—2019	区块链技术产品追溯应用指南
31	上海市软件行业协会	T/SSIA 0002—2018	区块链技术安全通用规范
32	中国软件行业协会	T/SIA 007—2018	区块链平台基础技术要求

总体来看，国内区块链领域的标准化工作大多集中在基础性和应用型标准研制领域，如参考架构、数据格式规范、应用指南等。在核心技术和平台

等方面的标准研制相对滞后，如跨链、智能合约、共识机制等方向的标准项目相对较少，这反映了标准体系尚不够完善的现状。另外，现有标准还存在盲目研制的问题。据不完全统计，国内区块链领域的国家标准、行业标准、地方标准和团体标准已立项或发布了 50 项以上。从目前已发布和在研的区块链标准来看，团体标准由不同区块链相关的组织或社会团体提出，组织形式相对分散，不同团体之间缺少统一的协调机制，带来重复立项、标准协调性差等问题，导致团体标准的应用程度整体偏低。国家标准方面，由于标准的应用范围广、涉及相关方较多，标准研制平均周期长，短时期内难以满足产业发展需求。

12.4 区块链标准化重点方向

随着我国对于区块链产业发展的逐步重视，标准化工作也将迈向新的台阶。结合国内外区块链标准化相关组织的工作内容和发展方向，区块链领域标准化工作建议从以下几个方面重点开展。

12.4.1 基础

基础类标准是支撑区块链产业发展的核心，主要用于统一区块链术语、相关概念及模型，为其他各部分标准的制定提供支撑，确保对某个特定标准中的主要概念有共同的认知与理解。此类标准的主要作用是回答区块链是什么，如何定义区块链，将区块链技术与其他相关信息技术区分开来。基础类标准主要包括术语、参考架构、分类和本体等方面的标准。目前，国际标准 ISO 22739[2]共定义了 84 个区块链领域的术语，体现了各国对于区块链技术新的理解、新的关注点，为其他国际标准化项目的开展提供了基础共识。

12.4.2 智能合约

智能合约一直以来被普遍认为是区块链 2.0 阶段的主要特征，智能合约技术的逐渐成熟使区块链从单一的数字货币应用融入各个领域。区块链在金融、供应链、公益、政府事务等领域中的应用，都是以智能合约的形式在平台中运行的。相较于传统合约，智能合约在保障不可抵赖的同时，也更容易由于编写不规范产生逻辑上的漏洞，从而造成内部分歧，影响系统的一致性。随着该技术的快速发展，需要制定相关标准来指导开发者设计和建立智能合约相关组件，对智能合约生命周期进行系统的描述，规范智能合约的编写、发布、部署和管理过程，从而提升技术的应用水平。

12.4.3 应用案例开发

随着业界不断加深对区块链的认识和理解，从最初的加密货币到金融应用，以及当前在政务服务、版权存证、供应链溯源、智慧城市、智慧医疗等场景中的广泛使用，区块链的应用情况正从小规模验证向大范围普及阶段发展，其独特的价值逐步为社会经济生活的各方面带来变革。因此，需要开发应用案例相关规范，整合区块链在各领域的典型应用案例，即在特定应用场景中，定义基于区块链技术的通用框架、角色模型、典型业务流程、技术要求和安全要求等，指导应用的开发落地，实现经验的共享。

12.4.4 数据及资产管理

区块链技术作为分布式数据存储、P2P 网络、共识机制、加密算法等技术的综合集成创新，其具有的多方共识维护、可追溯使用、防篡改流动等特点，能够构建可信的价值传递网络，天然适用于数据及资产管理。通过制定相关标准，能够厘清基于区块链技术进行数据及资产管理的安全风险和威胁，从而帮助规避风险，同时指导建立安全的管理体系，通过标准化引导保障数据安全、防范隐私泄露。

12.4.5 工业区块链

近年来，工业领域数字化转型已成为主要发展方向。区块链技术的分布式记账、防篡改、可溯源等特性，已逐渐被应用于工业设备资产智能评估和资产证券化等，取得了一定的经济效益和社会效益。制定工业区块链标准的意义在于营造可持续发展的工业领域应用生态，在政府支撑和产业服务方面提供规范性的引导和基础性的依据，指导区块链技术与工业领域融合发展。

12.4.6 跨链互操作

随着区块链技术被越来越多地应用在各行业领域，大量独立的区块链系统产生，而这些独立的区块链系统需要相互间的数据交换才能实现价值最大化。随着链间互操作的需求不断增加，需要加快开发跨链互操作相关标准，用于指导区块链开发平台的建设，规范和引导区块链相关软件的开发，以及实现不同区块链的互操作。跨链互操作相关标准主要包括开发平台、应用编程接口（API）、数据格式、混合消息协议和互操作等方面的标准。

12.4.7　治理

相较于其他信息技术，区块链仍处于发展的初期阶段，对其业务模式和组织架构等的规范性引导尤其重要。开发治理相关标准的意义在于帮助组织利用治理方法最大化区块链技术的价值，规范相关角色的职责和责任，减少系统潜在的安全和合规等风险。通过提供一套区块链治理框架，可以协助管理者理解并履行既定职责，提高区块链治理的有效性、可用性。

12.5　区块链标准化实施方案

目前，我国区块链领域标准化已有了一定积累，尤其是标准体系预研方面取得了不错的进展，并且明确了标准化方向和路线图，这些都为我国区块链标准化工作奠定了良好的基础。可以预见，未来一段时间区块链标准化将进入关键的发展时期，标准研制等工作将加快进程。开展区块链领域标准制定有利于提升技术水平、推动整个行业的技术进步和应用落地，标准实施为标准的制定者和使用者搭建了桥梁，是使用者理解标准、掌握标准、准确实施标准的前提，是激发标准活力的有效手段。区块链领域标准的实施建议从以下几个方面开展。

（1）标准宣贯：宣贯活动是对标准制定工作的延续，是标准实施的重要前提和基础保障。对已发布标准的宣传和贯彻落实，是保证已发布标准充分发挥其作用的基本环节。区块链目前仍处于发展的初期阶段，相关企业尤其中小企业由于在标准化方面投入的资源较少，在标准化相关知识方面储备不足，往往会忽视标准对产业的引领作用，导致对已发布标准的内容不理解，对标准的内容执行滞后，可能影响业务规范性和市场占有率。因此，通过对已发布标准进行及时、深入、透彻的宣贯，可避免上述问题的发生，保证标准被及时、准确地实施，从而规范生产，保障安全可靠，推动区块链产业的有序发展。

（2）人才培养：区块链作为一项新型技术，在国内外引起了各行业的广泛重视。在国际标准化方面，发达国家如美国、英国、加拿大等纷纷投入标准化专家资源，积极参与区块链国际标准化工作，抢占国际话语权与规则制定权。加强区块链领域人才队伍培养，尤其是懂技术、懂国际国内标准化工作流程，并且语言过关的专业型人才，对于标准的制定和实施具有重要意义，能够积极推动国内标准化成果向国际标准转化，同时将在国际标准化实践中的认识灌输到我国标准化工作当中，对充分发挥标准化在产业发展中的作用具有重要意义。

（3）应用验证：应用验证是标准实施的关键一环，能够验证标准的正确性和可行性。对于已形成征求意见稿的标准，开展标准验证工作；对通过验证的标准，可选择具备条件的省市和重点行业开展标准应用推广试点工作。在区块链领域，以参考架构、系统建设指南等标准为依据，开发区块链系统在安全性、可靠性、合规性等方面的测评方案及测试用例，推动形成以标准为引领的产业形态。

（4）评价改进：对应用验证后的标准进行评价和改进，保证标准内容能够充分适应区块链实际发展需求。总结标准的应用效果，借鉴来自政府、企业、社会等不同相关方对标准持续改进的需求，对标准的内容及使用范围进行改进、优化和完善。

参考文献

[1] NAKAMOTO S. Bitcoin: a peer-to-peer electronic cash system[EB/OL]. 2008-10-31. https://bitcoin.org/bitcoin.pdf.

[2] Blockchain and distributed ledger technologies—Vocabulary: ISO 22739:2020[S/OL]. [2021-07-16]. https://www.iso.org/standard/73771.html.

[3] 唐维红，唐胜宏，刘志华. 中国移动互联网发展报告（2020）[M]. 北京：社会科学文献出版社, 2020: 296-307.

[4] 中国区块链技术和产业发展论坛. 中国区块链技术和应用发展白皮书[EB/OL]. [2016-10-18]. https://www.sohu.com/a/224430559_680938.

[5] YAGA D, MELL P, ROBY N, et al. Blockchain Technology Overview[EB/OL]. [2020-10-25]. https://nvlpubs.nist.gov/nistpubs/ir/2018/NIST.IR.8202.pdf.

[6] LYONS T, COURCELAS L, TIMSIT K. Scalability, Interoperability and Sustainability of Blockchains[EB/OL]. [2019-03-06]. https://cdn.crowdfundinsider.com/wp-content/uploads/2019/04/European-Union-Blockchain-Observatory-and-Forum-report_scalaibility_06_03_2019.pdf.

[7] Bundesministerium für Wirtschaft und Energie, Bundesministerium der Finanzen. Blockchain-Strategie der Bundesregierung[EB/OL]. [2020-05-18]. https://www.bmwi.

de/Redaktion/DE/Publikationen/Digitale-Welt/blockchain-strategie.pdf?__blob=publicationFile&v=12.

[8] Australia government. The National Blockchain Roadmap[EB/OL]. [2020-02-01]. https://www.industry.gov.au/sites/default/files/2020-02/national-blockchain-roadmap.pdf

[9] 国家标准化体系建设发展规划（2016—2020 年）[J]. 功能材料信息, 2016(3): 8-22.

[10] 国家质量监督检验检疫总局, 中国国家标准化管理委员会. 关于培育和发展团体标准的指导意见[EB/OL]. [2020-05-20]. http://www.mhgbz.cn/index.php?m=content&c=index&f=show&catid=82&contentid=111.

第五部分 未来展望篇

2020年10月15日，美国政府发布《国家关键技术和新兴技术战略》，将分布式记账技术列为关键和新兴技术之一。从全球范围来看，区块链已成为各国技术竞赛的重要阵地。作为一种新兴技术产业，区块链已形成一定的发展基础，拥有广阔的发展前景。然而，从总体上看区块链尚处于概念验证和技术发展阶段，技术、市场和管理还有很多不确定性，尚需时间进行技术验证和经验积累。

第13章 区块链关键问题探析

作为一种新兴技术，区块链成为热议甚至争议的焦点。可以说，技术的“双刃剑”属性在区块链上体现得尤为突出，其不确定性也十分明显。本章选取对于区块链的本质和价值较为典型的几个问题进行分析，希望可以为理解和把握这一技术及其发展提供一些思路。

13.1 是否是颠覆性技术

自 2008 年化名中本聪（Satoshi Nakamoto）的学者提出区块链的技术设计以来，区块链经历了在加密货币领域的快速发展，并延伸到金融服务、物联网、供应链等社会经济中的更多领域，已经体现出颠覆性的特征。

英国政府发布的报告《分布式记账技术：超越区块链》认为，“分布式账本有一种较为激进的颠覆性潜力，是因为已经促成和与生俱来的，可能进行创新的行业和服务及处理能力，其颠覆性潜力还在于分布式共识、开源、透明度和社群的基本理念”。《德国联邦政府的区块链战略》认为，区块链将成为未来互联网的基石。

颠覆性技术是由 ClaytonM.Christensen 于 1997 年提出的概念，是指以意想不到的方式取代现有主流技术的技术[1,2]。颠覆性技术往往从低端或边缘市场切入，以简单、方便、低成本为初始阶段特征，随着性能与功能的不断改进与完善，最终取代已有技术，开辟出新市场，形成新的价值体系。对于区块链技术而言，其起源于边缘性的数字货币领域，在相当一段时期内仅仅被看成数字货币的支撑技术，而随着智能合约和联盟链等概念的发展，逐步打开了区块链应用的更大市场，并且也正在形成一种新的价值体系。

在技术方面，区块链已经突破了现有技术发展轨道，开辟了新的技术应用领域，从而有可能改变现有力量结构，影响市场格局，对现有产业生态进行破坏和重建。在应用方面，区块链作为一种通用性强的基础性技术，其应用已体现了很强的渗透性，并且作为一种替代方案逐步替代多个行业的传统产品，在金融服务、智能制造、供应链、公共服务等社会经济多个领域都表现出了巨大的发展前景，产业技术引领作用逐渐凸显。

13.2 区块链与价值互联网[3]

价值互联网是一个新兴的概念，是在信息互联网成熟之后，特别是移动互联网普及后出现的一种高级的互联网形式。价值互联网的核心特征是实现资金、合约、数字化资产等价值的互联互通。正如信息互联网时代实现了信息互联互通状态一样，在价值互联网时代，人们将能够在互联网上像传递信息一样方便快捷、安全可靠、低成本地传递价值。价值互联网与信息互联网之间并不是更替的关系，而是在信息互联网基础上增加了价值属性，从而逐渐形成实现信息传递和价值传递的新型互联网。

广义上讲，价值互联网的雏形可以追溯到 20 世纪 90 年代，美国安全第一网络银行（SFNB）从 1996 年开始开展网上金融服务，中国在 1998 年也有了第一笔网络支付。其后，很多金融机构借助互联网技术来拓展支付业务，并出现了第三方支付、大数据金融、网络金融门户等模式，以互联网金融为代表的价值互联网相关产业不断发展，价值互联网特征逐渐显现。尤其是 2010 年以来，随着互联网金融呈现爆发式增长，价值互联互通的范围和程度逐渐加大，价值互联网的规模和功能有了初步的发展。

区块链的出现，为价值互联网带来了新的发展空间，触发了一个新的发展阶段。可以说，在区块链出现之前，价值互联网处于一个非常初级的发展阶段，基本上是以一些中介化机构为中心的碎片化发展模式。而区块链在技术上具有去中心化、透明可信、自组织等特征，使得其应用更容易扩散为全球范围内的无地域界限的应用，为价值互联网注入了新的内涵。随着应用的逐渐发展，区块链将推进形成规模化的、真正意义上的价值互联网。

区块链在各领域的应用在信息互联网的基础之上，衍生出新型的价值存储和传递机制，推动了价值互联网的快速发展。区块链在各领域的应用案例和模式表明，其能够在提供基础设施、扩大用户规模、降低社会交易成本等方面有效地促进价值互联网建设，是未来价值互联网发展的关键技术。

区块链通过构建新型的社会信任机制，通过高度普适性的价值存储和价值传递的应用模式的不断推广，正逐渐引发价值转移方式的根本性转变，以及社会协作方式的深入变革，对价值互联网的建设意义重大。一是区块链为价值互联网提供基础设施，通过基于区块链的身份认证等方式可实现对价值载体的确权，通过加密和隐私保护等机制确定价值的安全可靠传输，结合共识机制等技术提供基础价值传输协议，为价值互联网提供信任基础和价值传递机制。二是区块链的应用带来价值互联网门槛的降低，基于区块链能够实现资产的数字化，将包括金融服务、供应链管理、物联网在内的多领域的更多用户纳入价值互联网系统，可以有效扩大价值互联网的用户规模并提高其价值。例如，区块链有潜力推动普惠金融进程，将更多落后地区的居民纳入金融体系，从而进一步提高价值互联网的价值。三是区块链的应用可以通过实现中介化等方式，优化价值相关的业务协作机制和流程，能有效提升社会交易效率，降低社会交易成本，加快价值互联网的形成。例如，区块链可以应用在全球范围内的小额跨境汇款场景中，从而节省大量交易费用。

未来，随着区块链技术和应用的发展，以及从区块链 2.0 到区块链 3.0 时代的演进，价值互联网的规模将逐渐扩大，价值互联网的运作模式有望获得突破，对社会生产生活的影响也将逐步加深。

13.3 区块链与数字经济[4]

2016 年二十国集团杭州峰会发布的《二十国集团数字经济发展与合作协议》中指出，数字经济是以使用数字化的知识和信息作为关键生产要素、以现代信息网络作为重要载体、以信息通信技术的有效使用作为效率提升和经济结构优化的重要推动力的一系列经济活动。数字经济的特征之一就是规模经济和范围经济。区块链提供的信任机制可以促进企业机构间更高效、便捷地协作，推动社会分工协作向更高阶段发展，使社会资源更有效地共享和配置，从而降低社会分工和交易成本，带来数字经济效益的提升。同时，区块链的应用将能够深度改造多个行业，帮助提升这些行业的数字化水平，从而促进新模式、新业态发展，有望通过行业革新创造更多社会价值。

区块链有助于数据要素市场化。2017 年 12 月 8 日，习近平总书记在中央政治局第二次集体学习时指出，要构建以数据为关键要素的数字经济。2020 年 3 月，中共中央、国务院出台的《关于构建更加完善的要素市场化配置体制机制的意见》将数据纳入生产要素，并提出加快培育数据要素市场。针对当前数据质量和数据资产权益缺乏保障等问题，区块链可以通过共识机制、块链式数据结构及加密算法等技术保障上链数据的可信、防伪造、防篡改和可追溯性，提升数据的质量和安全性，可以为政务数据开放共享、数据资产确权及交易等场景提供有效的解决方案，对数据要素流动和有效利用提供有力的技术支撑。

区块链助力数字经济生态优化。数字经济的发展使虚拟空间逐步成为人们从事社会生产生活的主要场所之一，然而虚拟空间主体身份难以界定、行为轨迹难以追踪，各种网络违法犯罪活动和不诚信经营现象层出不穷，使信任问题成为数字经济发展的一个严重障碍。区块链提供了一种通过信息技术保障的信任机制，可以为多方协作关系的构建和维持提供坚实的技术基础。区块链还可以提供网络行为追溯和征信、知识产权记录等解决方案，为在虚拟空间开展各类经济活动提供必要的信任支持，因此区块链对于构建良性的数字经济发展生态具有重要价值。

区块链为数字经济提供重要基础设施。2020 年 3 月 4 日召开的中共中央政治局常务委员会会议强调，加快 5G 网络、数据中心等新型基础设施建设，其后国家发改委提出将区块链作为新型基础设施之一。在此之前，《德国联邦政府的区块链战略》曾将区块链定位为未来互联网的基石，也有专家提出区块链是价值互联网的基础设施。近两年来，基础设施已成为全球区块链产业的关键词之一：欧盟启动了欧洲区块链服务基础设施（EBSI）建设，Facebook 主导的 Diem（原 Libra）项目计划建立一套为数十亿人服务的全球金融基础设施，国内的区块链服务网络（BSN）等一批基础设施项目加快建设。可以预见，随着国内外区块链基础设施的逐步发展，区块链对于数字经济的支撑作用将进一步凸显。

区块链推动数字经济模式创新。数字经济时代，个人、企业等主体之间的互动及要素流动和资源配置越来越不受距离和空间的限制，信息交互实时化、供需对接精准化、企业价值体系网络化成为重要的趋势，催生了平台经济、共享经济、新零售等一批新商业模式。区块链技术可以为这些新商业模式提供有效的信任支持，同时智能合约也有助于提升相关应用的智能化水平，并且由于区块链技术本身更强调一种对等合作的生产关系，未来还有可能孕育出诸如分布式商业等新的模式。

13.4 区块链与实体经济

当前，区块链与实体经济融合发展已成为行业发展的重要趋势。全球主要国家纷纷关注区块链在实体经济中的应用。《德国联邦政府的区块链战略》、欧盟发布的《区块链：现在与未来》均强调区块链在制造业等实体经济领域的应用。全球范围内，产品追溯、医疗卫生、交通物流、供应链管理、能源管理等领域已有一批区块链应用项目，区块链对于实体经济的支撑效应初步显现。

习近平总书记在中央政治局第十八次集体学习时强调，要推动区块链和实体经济深度融合。党的十九届五中全会审议通过的《中共中央关于制定国民经济和社会发展第十四个五年规划和二〇三五年远景目标的建议》提出，要坚持把发展经济着力点放在实体经济上。可以说，区块链技术已成为数字经济与实体经济深度融合的重要抓手。我国区块链与实体经济融合的创新尤为活跃，在产品溯源、供应链管理、数字版权保护等领域已有较多应用案例，工业制造、医疗卫生、交通物流、商业流通等行业也开始了相关应用探索。

区块链在实体经济领域覆盖第一、二、三产业，可以作为产业数据可信共享的基础，产业生态内分工协作的纽带，产业价值流通的重要载体，对于产品和服务质量提升、产业链优化升级、产业发展模式创新都具有重要作用，也是实体经济高质量发展的重要路径。区块链在实体经济领域的应用可以与物联网、边缘计算、人工智能等技术结合，有利于促进新一代信息技术融合应用创新，提升产业数字化水平，助力培育智慧产业。例如，在农业领域，基于区块链的农产品防伪溯源可以连接农户、销售商、消费者等相关方，通过全流程可追溯的农产品生产、流通、检测等数据共享，确保农产品安全供给和消费者放心使用；在林业领域，可以利用区块链技术实现苗木等林业资源的全生命周期管理，以及加强造林资金的管理等应用；在工业领域，区块链可以应用在工业协同制造与供应、信息共享、工业安全与监管等方面，覆盖工业设备之间的互联、数据的共享与融合、企业之间的供应链与协作关系、企业内部资源的协同等，涉及数据、资金、技术等多种工业生产要素的整合和流动，在企业内外部信息、价值、资源共享与协同相关的多个场景具有应用价值；在产业金融领域，区块链为实物资产管理和交易、供应链金融等提供了有效解决办法，可以有效降低实体经济领域中小企业的融资成本，

助力产业金融创新发展。

但是，从总体上看，区块链在实体经济尚未形成大规模商业应用，且主要的应用场景也是行业中的非核心业务，多数企业对区块链技术的应用还处于观望状态。一是当前部分实体经济领域信息化水平不高，难以支撑规模化的区块链应用。例如，在农业领域，能够实现数据采集、传输、存储、共享的信息基础设施和信息系统应用本就不多，再加上区块链的应用通常需要“链接”多个企业的信息系统，因此实施难度更大。二是制造业、商贸流通等实体经济行业由于产业链较长、基础设施和业务系统较为复杂等原因，应用改造的门槛较高，应用场景还有待明确。例如，在制造业领域，设备、工艺、协议、网络等差异较大，应用区块链可能需要对原有的系统进行较大改造，并且制造业中的场景多为规模化的场景，数据采集难度大，数据存储和传输要求高，而目前区块链技术对规模化的应用的支撑还相对不足。三是区块链应用的关键在于多个相关方愿意将其数据和相关资源共享，而目前相关的组织形式仍未能跟上应用发展的需要，同时由于缺乏成熟的链上数据的隐私解决方案等原因，也导致相关企业对应用的推进更为谨慎。

13.5 区块链对国家治理体系与治理能力现代化的价值

党的十九届四中全会审议通过了《中共中央关于坚持和完善中国特色社会主义制度 推进国家治理体系和治理能力现代化若干重大问题的决定》，其中指出“建立健全运用互联网、大数据、人工智能等技术手段进行行政管理的制度规则”等要求。习近平总书记在中央政治局第十八次集体学习时提出“要探索‘区块链+’在民生领域的运用”“要探索利用区块链数据共享模式，实现政务数据跨部门、跨区域共同维护和利用，促进业务协同办理，深化‘最多跑一次’改革，为人民群众带来更好的政务服务体验”等要求。学界对于区块链在这一领域的发展模式也进行了探讨[5,6]，认为区块链在促进社会合作新机制、通过社会赋权解决公平性等方面具有重要作用，有助于提升治理效率，以及降低治理成本和风险。

近年来，随着区块链在政务数据共享、司法存证、民生、环境保护、国际贸易等领域的加快应用，区块链在助力国家治理体系与治理能力现代化方面的价值进一步凸显。在政务数据共享领域，北京、陕西、湖南、天津等多地政府部门开展了基于区块链的跨部门政务数据共享，在简化群众办事流

程、提高行政效率方面取得成效。在司法存证领域，最高人民法院、互联网法院搭建了基于区块链的司法区块链平台，实现法院之间，以及法院与司法鉴定中心、公证处等机构的电子证据数据共享和管理。最高人民法院还在《关于互联网法院审理案件若干问题的规定》《关于人民法院在线办理案件若干问题的规定（征求意见稿）》《人民法院在线诉讼规则》等文件中明确了区块链上数据作为电子证据的法律效力。在民生领域，区块链在食品溯源、社会公益、精准扶贫、社会保障、教育、医疗等方面的应用十分活跃，区块链的引入实现了多方共治、共享、共赢，对于保障和改善民生发挥了积极作用。

参考文献

[1] CHRISTENSEN C M. The innovators dilemma: when new technologies cause great firms to fail [M]. Boston: Harvard Business School Press, 1997.

[2] 荆象新，锁兴文，耿义峰. 颠覆性技术发展综述及若干启示[J]. 国防科技，2015, 36(3): 11-13.

[3] 周平，唐晓丹. 区块链与价值互联网建设[J]. 信息安全与通信保密，2017(7): 53-59.

[4] 唐晓丹. 区块链助力数字经济发展的机遇与挑战[J]. 科技与金融, 2020(6): 34-37.

[5] 高奇琦. 智能革命与国家治理现代化初探[J]. 中国社会科学, 2020(7): 81-102.

[6] 余宇新，章玉贵. 区块链为国家治理体系与治理能力现代化提供技术支撑[J]. 上海经济研究, 2020(1): 86-94.

第14章 区块链未来发展趋势分析

当前，全球发达国家市场和新兴市场均出现了严重的经济衰退，全球贸易放缓，投资、消费和出口均受到较大影响。同时，中美对抗博弈加深，使国际形势更为复杂。当前及今后一段时期内，全球经济放缓可能带来区块链技术投资和应用市场收缩，使有限的市场资源向更有实力的大企业聚集，可能对中小型区块链企业发展造成较大挑战。同时，经济衰退造成很多企业对于新技术研发和应用的布局更为慎重，也可能使行业发展动力受到影响。

长期来看，区块链技术有望解决网络空间的信任和安全问题，推动互联网从传递信息向传递价值变革，同时作为法定数字货币的一项可选技术，区块链技术对经济社会发展的价值日益凸显，因此进一步引起各国重视，未来几年可能成为更加激烈的科技竞争赛道之一。在这种形势下，我国出台了《关于加快推动区块链技术应用和产业发展的指导意见》，为今后一段时期内的区块链发展提供关键指导。同时，我国大力推进新型基础设施建设，在各地政府出台区块链扶持政策的鼓励下，区块链应用基础设施的纷纷建立和发展，以及大批地方政府支持的“区块链+政务”“区块链+民生”等应用的落地，有助于促进区块链应用探索和互联互通，推动规模化区块链应用培育。

14.1 区块链产业化发展趋势

从产业演化的角度看，区块链可以看成一种新型数据库软件，相关产业可以看成从数据库软件产业中分化出来的新兴产业。正如软件产业从早期的集成系统，通过一系列的产业化过程逐步分化为操作系统、数据库软件，再到浏览器软件、财务软件、办公软件等应用软件，区块链也经历了从原有软件产业中孕育并逐步产业化的过程。一是依托最初的技术创新，已逐步发展

起一系列区块链产品，包括产品溯源、数据共享、供应链管理、存证取证、公共服务等领域的应用解决方案，以及区块链底层平台、BaaS（区块链即服务）平台等平台类产品等。二是已孵化大量区块链企业，包括传统 IT 企业、互联网企业、区块链初创企业等类型，一批传统产业企业也加大了区块链技术的研发和应用力度。三是已形成一批区块链产业聚集区，我国已成立或在建区块链产业园区数量超过 140 个，尤其集中于环渤海、长三角、珠三角、湘黔渝四大区域。四是区块链人才、基础设施、技术标准、产业服务等产业配套加快发展。在基础设施方面，区块链服务网络（BSN）等多个区块链基础设施启动建设；在技术标准方面，ISO 成立专注区块链领域的技术委员会，我国也成立全国区块链和分布式记账技术标准化技术委员会，相关行业机构和组织推动了一批技术标准立项研究和应用推广。

从市场培育的角度看，区块链市场在过去几年快速增长，未来具有巨大的市场发展潜力。根据国际数据公司（IDC）于 2020 年 8 月发布的数据，区块链市场规模上升迅速，到 2024 年这一数字将达到 179 亿美元。我国区块链尤其是联盟链市场发展迅速，根据网信办的区块链备案工作数据，通过备案的项目已超过 1000 个。此外，部分区块链应用逐步扩大规模，在社会效益和经济效益方面的成效凸显。

从政策引导的角度看，全球范围内有将区块链作为战略性新兴产业发展加以扶持的趋势。随着区块链技术在各行各业的创新探索和应用落地，全球主要国家越来越关注其发展潜力，通过政策、资金和应用试点等方式加以支持，抢占区块链技术和产业发展先机。近两年，全球陆续有国家级区块链产业政策出台，其中以《德国联邦政府的区块链战略》和澳大利亚《国家区块链路线图》为代表。与此同时，各国政府逐渐将对比特币等加密货币的审慎监管与对区块链技术发展的鼓励加以区分，在引导区块链技术健康发展的同时逐步拓展区块链的发展空间。未来随着产业的持续发展，各国政策有望进一步加强布局，全面推进区块链与实体经济的大范围结合，加快推动区块链产业规模发展壮大。

14.2 技术走向体系化

区块链技术发展逐渐走向体系化和多元化，核心关键技术仍需进一步优化。区块链、分布式账本和分布式记账技术等技术在全球正在逐步发展中达成共识，技术的发展不断打破原有的边界，相关概念的演进也代表了未来的发展方向和发展特点。同时，区块链的核心关键技术逐步发展，在原有的共识机制、数据存储、隐私保护和智能合约等技术不断改进的同时，分片、跨链等技术也加快创新发展，推动区块链技术适应更多应用场景。在技术不断发展的同时，也要意识到，区块链作为一种全新的计算机和网络技术的融合应用模式，在性能、隐私保护、治理、跨链互操作等方面的技术仍不成熟，尤其是在性能和隐私保护方面还不能很好地承载重点领域的企业级应用，现有技术还不足以支撑很多领域的应用规模化发展。区块链技术还处于发展的早期阶段，技术成熟度有待进一步提升，由于存储量、吞吐量等的限制，使区块链在面临具体的业务应用时需要较多的技术改造和突破，同时智能合约技术的法律依据问题，以及安全和隐私保护技术也是当前限制区块链应用发展的瓶颈之一。未来一段时期内，核心关键技术的优化迭代仍然是重要的课题。

14.3 应用开始走向规模化

近年来，区块链在各行业的应用探索加快，应用领域逐渐拓展，并逐渐加强与实体经济的结合。区块链的应用有助于提升多个行业的数字化水平，促进新模式、新业态培育，甚至实现行业革新。由于在社会经济发展及社会治理水平提升等方面的作用日益突出，区块链正逐渐成为数字经济发展的关键支撑，尤其是随着区块链 3.0 时代的到来，区块链将广泛应用于人类活动的规模协调，有望逐步发展成为数字经济基础设施之一。不过，现阶段区块链应用整体上还处于早期阶段，依然缺乏大规模成功案例，很多场景下由于相关方之间的业务协作模式不能很好地建立，限制了应用的发展；此外，在一些国民经济发展的关键领域，如工业区块链，由于场景复杂、置换成本高等原因，目前区块链应用案例还较少。从全球来看，未来区块链产业竞争的关键将是尽快实现规模化应用或实现国民经济关键性领域的成功应用。《关于加快推动区块链技术应用和产业发展的指导意见》在实体经济、公共服务两个领域提出若干重点发展方向，将通过开放应用场景、推进应用试点等方式进行落实，也提出“面向防伪溯源、数据共享、供应链管理、存证取证等领域，建设一批行业级联盟链”等要求，为下一步区块链应用培育指明了方向，提供了发展动力。此外，在产业环境优化方面，针对打着“区块链”旗

号进行代币融资、交易及挖矿等活动，相关部门出台《关于防范比特币风险的通知》《关于防范代币发行融资风险的公告》等文件；2021 年 5 月，国务院金融稳定发展委员会第五十一次会议明确要求“打击比特币挖矿和交易行为”。这些举措对于规范区块链产业环境，培育合规区块链应用起到重要作用。可以预见，未来一段时期，我国区块链应用将进入前所未有的发展机遇期，有望尽快培育出更多规模化应用，实现区块链技术价值的进一步释放。

14.4　产业生态进一步发展

国内外区块链创新创业活跃，产业发展生态持续完善。当前，国内外主流金融机构、IT 企业、初创科技企业等纷纷探索和推动区块链技术和应用发展，通过开发区块链基础平台、探索各领域的应用、开展技术创新活动、投资区块链项目等方式积极布局，带动新一轮的区块链创新创业浪潮。未来产业发展生态的不断完善将有助于持续提升协同创新水平，降低技术和市场风险，加强产业布局的合理性，促进区块链应用的良性发展。在标准化方面，国内、国际标准组织大力推动区块链标准化，产业服务水平不断提升。随着区块链技术和应用的持续发展，在基础术语和架构、安全与隐私保护、互操作及治理等方面规范化、标准化发展的需求日益突出。此外，相关机构陆续推出区块链规划咨询、测试、评估、人才培训等产业服务，加快建设相关产业服务平台，为区块链从业机构提供必要的产业资源和条件保障。然而，从总体上看，目前区块链标准体系仍不完善，区块链产业服务体系还处于发展的初期阶段。未来一段时期内，通过标准化和产业服务体系建设提供强有力的发展支撑，不断提升整体竞争力，将成为推动区块链产业发展的重要路径。